博碩文化

輕鬆上手

Power Automate

入門與實作

數位轉型必備，打造高效率自動化流程控制的智慧辦公室

榮欽科技 著

無需撰寫程式碼　　節省寶貴時間　　減少人為錯誤　　提升整體營運力　　兼顧雲端版和桌面版　　巧妙搭配ChatGPT

可以任意自訂流程將　**Excel操作** ▶ **SQL資料處理** ▶ **Web應用** ▶ **資料夾處理**　等一連串作業輕鬆自動化！

輕鬆掌握RPA

- **全盤掌握RPA**≫機器人流程自動化的基礎知識、優勢與應用案例。
- **Power Automate 新手入門**≫基本操作與桌面流程的設置。
- **自動化範例實作導引**≫解析檔案管理及Excel工作表、活頁簿等操作。
- **結合SQL進行資料處理**≫Power Automate 結合SQL指令進行資料處理。
- **豐富學習資源**≫包含官方學習資源、社群論壇和YouTube頻道等。
- **生活應用自動化實例**≫操控應用程式、OCR文字及影像識別、PDF分類動作、LINE群發訊息。
- **網頁應用自動化實例**≫網路爬蟲、螢幕擷取、爬取表格資料、整合Web服務與ChatGPT API。

本書如有破損或裝訂錯誤，請寄回本公司更換

作　　者：榮欽科技
責任編輯：魏聲圩

董 事 長：陳來勝
總 編 輯：陳錦輝
出　　版：博碩文化股份有限公司
地　　址：221 新北市汐止區新台五路一段 112 號 10 樓 A 棟
　　　　　電話 (02) 2696-2869　傳真 (02) 2696-2867
發　　行：博碩文化股份有限公司

郵撥帳號：17484299　戶名：博碩文化股份有限公司
博碩網站：http://www.drmaster.com.tw
讀者服務信箱：dr26962869@gmail.com
訂購服務專線：(02) 2696-2869 分機 238、519
（週一至週五 09:30 ～ 12:00；13:30 ～ 17:00）

版　　次 2024 年 1 月初版一刷
建議零售價：新台幣 680 元
I S B N：978-626-333-744-2
律師顧問：鳴權法律事務所 陳曉鳴 律師

國家圖書館出版品預行編目資料

輕鬆上手Power Automate入門與實作：數位轉型必
備，打造高效率自動化流程控制的智慧辦公室/榮欽
科技著. -- 初版. -- 新北市：博碩文化股份有限公司,
2024.01
　　面；　公分

ISBN 978-626-333-744-2(平裝)

1.CST: 自動化 2.CST: 電子資料處理

312.1　　　　　　　　　　　　　　113000042

Printed in Taiwan

博 碩 粉 絲 團　歡迎團體訂購，另有優惠，請洽服務專線
(02) 2696-2869 分機 238、519

序

親愛的讀者,您手上握著的這本書,是一段旅程的開始,它將引領您進入自動化的世界,並在這裡與您共同揭開 Power Automate 自動化應用的神秘面紗。當您翻閱這些頁面,您將學會如何釋放您日常工作中的創造力,將繁瑣的流程轉化為自動化的奇蹟。

本書從 RPA 的初探開始,帶領您認識機器人流程自動化的基礎知識,探索其應用案例,並評估相關的風險與挑戰。不僅僅是理論的灌輸,本書的目標是讓您在了解理論的同時,也能動手實踐,深刻體會自動化帶來的便利。

隨著書籍的深入,我們將一步步走過 Power Automate 的核心,從基礎安裝到流程控制,從桌面操作到 Excel 的自動化處理,每一章都是精心設計的學習課程,讓您無論是自動化新手或是尋求進階技巧的專業人士,都能在這裡找到您所需的知識。

Power Automate 不僅是工作效率的提升者,更是創新思維的火花點燃者。當您學會使用這強大的工具,將會發現它如何將重複性高的工作自動化,釋放您的時間,讓您能專注於更具創造性與價值的工作上。

本書最後的章節安排將帶領您跨越桌面應用,探索 Power Automate 雲端版的網路服務,以及各種學習資源,讓您的自動化旅程不會因書籍的結束而停止,而是能夠持續成長,掌握更多的可能性。

每一頁、每一章,都是筆者精心規劃的結晶,希望透過這些文字與範例,不僅僅傳遞知識,更能激發您對自動化潛能的探索熱情。我們相信,技術的學習應該是輕鬆而愉悅的。

最後,感謝您的選擇與信任,希望這本書能成為您職業生涯中的良師益友。讓我們攜手踏上這段 Power Automate 自動化之旅,探索更多的未知,創造更多的可能。本書雖然校稿時力求正確無誤,但仍惶恐有疏漏或不盡理想的地方,誠望各位不吝指教。

目錄

第 1 章 ／ 初探機器人流程自動化 RPA

第 2 章 ／ Power Automate 的基礎

第 3 章 ／ 第一次 Power Automate 自動化就上手

第 **4** 章 ／ **桌面流程必懂的基礎知識**

第 **5** 章 / 檔案與資料夾自動化操作

第 6 章 ／ 自動化操作 Excel 工作表

第 7 章 ／ 自動化操作 Excel 活頁簿

第 8 章 / 在 Power Automate 結合 SQL 進行資料處理

第 9 章 ／ 生活應用自動化實例

第 10 章 ／ 網頁應用自動化實例

第 **11** 章 / **Power Automate 雲端版的網路服務**

第 **12** 章 / **Power Automate 學習資源**

附 **A** 錄 ╱ ChatGPT 聊天機器人與提示詞基本功

第 1 章

初探機器人流程自動化 RPA

隨著企業尋求創新和效率的方法，機器人流程自動化（Robotic Process Automation, RPA）已經成為一個重要的話題。RPA 允許企業透過自動化日常任務，進而提高員工的創造力和生產力。本章中我們會向讀者介紹 RPA 的基礎概念，說明它如何改變商業運作模式，以及在實施過程中應考慮的利弊。

1-1　認識機器人流程自動化

本單元我們將介紹 RPA 的基本定義，並解釋它如何作為一種技術來模仿人類與電腦系統互動的方式。這個基礎知識對於理解 RPA 的運作原理具關鍵性的角色。

當您使用微軟 Power Automate 進行機器人流程自動化 RPA 的時候，您實際上是在設計一個數位助理，它能夠模仿人類在電腦系統上進行的操作，例如輸入資料、抓取資訊、處理文件等。RPA 的核心在於它能夠透過「看到」螢幕上的元素，以及「理解」人類的操作步驟來進行工作。這種技術可以被應用於多種業務流程中，尤其是那些重複性高且規則性強的任務。

例如，一個典型的應用就是資料輸入工作。假設您的公司需要將客戶訂單的資訊從電子郵件中提取出來，並輸入到一個中央資料庫中。透過使用 RPA 技術，可

以建立一個流程來自動識別電子郵件中的訂單資訊，提取必要資料，並在無需人工干預的情況下將其輸入到資料庫中。這不僅大大提高了效率，還減少了因手動輸入而導致的錯誤。

在台灣，隨著數位轉型的浪潮，越來越多的企業開始採用 RPA 技術來優化業務流程。這種自動化的趨勢不僅限於大型企業，中小企業也能從中受益，特別是在處理會計、客戶服務和人力資源管理等方面。

舉個實際的例子，某台灣的金融機構利用 RPA 來處理貸款申請過程。在過去，該過程需要員工手動核對大量的文件和資訊，耗時且容易出錯。透過引入 RPA，該機構能夠自動化整個資料核對的過程，進而顯著縮短了貸款批准的時間，提高了客戶滿意度，並允許員工將精力集中在更加需要人工智慧和創造性的任務上。

為了更深入理解 RPA 的實際運作，我們可以透過微軟的官方文件或是其他專業技術社群網站進行學習。這些資源不僅提供了豐富的學習材料，還有實際的案例研究，幫助我們更好地理解如何將 RPA 技術應用到具體的業務流程中。

最後，學習 RPA 的一個重要方面是了解其與 AI（人工智慧）和 ML（機器學習）技術的結合。當 RPA 與這些先進技術結合時，可以建立出更具智慧的自動化解決方案，這些解決方案不僅能夠執行簡單的重複任務，還能進行學習和適應，處理更複雜的業務問題。

有關 RPA 的參考資料也可以在微軟官方網站的 Power Automate 部分找到，或是進入像是 GitHub 這樣的開放原始碼社群，進一步探索和學習來自全球開發者社群的知識分享與實際操作經驗。此外，參加由微軟台灣分公司或其他專業機構舉辦的線上研討會和工作坊，也是快速獲得實踐經驗的好方法。

其實我們也可以藉助 ChatGPT 的幫忙，了解更多有關 RPA 的基礎知識，包括 RPA 的定義、RPA 帶來的好處等。例如以下的 ChatGPT 的提問範例：

提示詞 RPA01.txt

請以繁體中文台灣用語簡述 RPA 的定義。

ChatGPT 回答內容

> **ChatGPT**
> RPA，全名是「機器人流程自動化」，指的是利用軟體機器人（或稱為「機器人」）來模擬人類與電腦系統互動的行為，自動化完成重複性高的工作任務。這些任務通常包含資料輸入、資訊擷取、以及各種基於規則的業務處理程序。RPA 的目的是提高工作效率、降低成本，並減少人為錯誤，讓人力可以釋放出來，專注於更有創造性和策略性的工作。在台灣，RPA 被視為數位轉型的重要工具，幫助企業快速適應市場變化，強化競爭力。

1-2　RPA 優點與應用案例

在當前快速變化的商業環境中，企業和個人都在尋找提高效率和減少重複性工作的方法。機器人流程自動化（RPA）技術的興起，正是為了解決這樣的需求。本節將深入探討 RPA 的核心優勢以及實際應用案例，讓讀者全面理解 RPA 技術如何轉變我們的工作方式，並將其應用於日常業務流程之中，以達到提升生產力的目的。以下是 RPA 的幾個主要優點，以及一些實際的應用案例。

1-2-1　RPA 的優點

在這一小節，我們將探討 RPA 帶來的諸多優勢，包括提高作業效率、降低錯誤率、節省成本以及增加作業的一致性等。這些優點共同為企業創造價值，並推動業務向數位轉型邁進。我們將以具體資料和案例來展示 RPA 如何在不同領域和職場中發揮其力量。

● 提高效率

RPA 能自動完成重複性高的工作，這意味著工作可以快速而持續地完成，不會因為人為疲勞或注意力分散而降低效率。

● **精確度提升**

自動化流程減少了人為錯誤，確保資料處理的正確性，這對於需要高精準度的財務和會計工作尤為重要。

● **成本節省**

透過自動化處理例行工作，企業可以節省人力成本，將資源重新分配到更需要人類智慧的任務上。

● **時間節約**

自動化工具可以全天候運作，不需要休息，這樣就可以在非工作時間完成工作，加快業務流程。

● **彈性與擴展性**

RPA 允許企業快速調整或擴展其自動化流程，以應對業務需求的變化。

1-2-2 RPA 應用案例

在本小節中，我們將透過一系列的 RPA 應用案例來說明這項技術的實際效用。從銀行業的貸款申請處理、電信業的客戶服務，到製造業的庫存管理，這些案例將呈現 RPA 在各行各業中的多樣化應用，並啟發讀者思考如何在自己的工作環境中實施 RPA。

吕 案例 1：銀行業的貸款申請處理

在台灣的一家銀行中，RPA 被用來做自動化貸款申請的初步審核程序。透過 RPA，銀行能夠自動收集申請人的資料，驗證其信用記錄，並進行初步的風險評估。這大大加快了審核速度，提高了客戶滿意度，同時也讓銀行員工能夠將精力放在更複雜的案件審核上。

吕 案例 2：電信業的客戶服務

台灣的一家電信公司利用 RPA 來處理客戶服務中的例行查詢。當客戶透過公司網站送出查詢時，RPA 系統能自動提取客戶資料，並根據歷史記錄提供標準化的解答。對於更複雜的問題，RPA 系統會將其轉交給人工客服人員處理。

案例 3：製造業的庫存管理

在製造業，RPA 可以用於自動化庫存盤點和訂購流程。例如，一家台灣製造公司使用 RPA 來追蹤庫存水位，當某項產品降到預定水位時，系統會自動生成補貨訂單。這不僅確保了產品供應的連續性，也減少了過度庫存的風險。

RPA 的應用案例遍布各行各業，從金融、電信到製造業，甚至醫療保健和政府部門。RPA 在提供效率和效益的同時，也為員工釋放出更多時間來進行創造性的工作。隨著技術的不斷進步，RPA 在未來將持續演進，提供更加智能化的解決方案，幫助企業在競爭激烈的市場中保持領先。

如果要深入了解具體的應用案例或尋求進一步的學習資源，您可以前往微軟官方網站的 Power Automate 部分，或參與各種線上論壇和工作坊，這些都會提供寶貴的資訊和交流機會。

https://www.microsoft.com/zh-tw/power-platform/products/power-automate

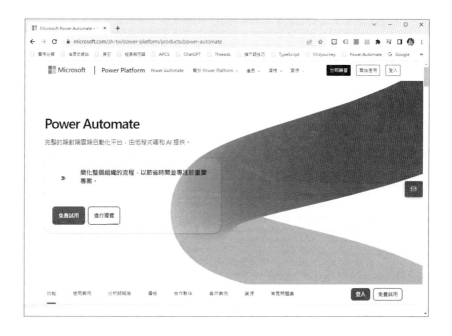

另外，如果你想要透過 ChatGPT 了解 RPA 能為個人或企業帶來哪些好處，請參考以下的 ChatGPT 的提問範例：

提示詞 **RPA02.txt**

請問 RPA 能為個人或企業帶來的哪些好處？

ChatGPT 回答內容

RPA（機器人流程自動化）為個人和企業帶來了一系列的好處，包括但不限於：

1. **效率提升**：自動化重複性高的任務，如數據輸入、報告生成等，可以節省大量時間，從而加快工作流程並提高整體生產力。
2. **精準度增加**：RPA軟體可以減少人為錯誤，提高工作的準確性，特別是在需要處理大量數據和細節的任務上。
3. **成本節約**：通過減少對人力的依賴，RPA可以幫助降低勞動成本。一旦設置完成，機器人可以24/7不間斷工作，無需額外的成本。
4. **可擴展性**：RPA解決方案通常容易擴展，能夠適應業務增長或變化，無需大規模的額外投資。
5. **員工滿意度提高**：自動化枯燥乏味的工作可以讓員工有更多時間從事更具挑戰性和滿足感的工作，從而提高員工滿意度和工作動力。
6. **遵守法規**：RPA能夠準確記錄所有操作和交易，有助於企業更好地遵守法律法規和內部審計要求。
7. **客戶服務改善**：RPA可以提供更快、更一致的客戶服務，例如自動回應客戶查詢，從而提高客戶滿意度。
8. **風險管理**：自動化流程有助於減少因人為疏忽或錯誤造成的風險，確保業務流程的順暢運行。
9. **快速響應市場變化**：RPA可以迅速調整以應對市場變化或業務策略的調整，使企業在競爭中更具彈性。
10. **資訊安全性提高**：機器人可以執行數據處理任務而無需直接暴露敏感信息，這有助於增強數據的安全性和隱私保護。

總的來說，RPA為企業帶來了高效率與成本效益，同時為員工提供了更高質量的工作環境，共同推動業務向前發展。

1-3 RPA 的風險與挑戰

在機器人流程自動化的施行過程中,雖然其帶來的效益不容忽視,但在推動與實施過程中,我們同時也會面臨一系列的風險與挑戰。本章將深入探討 RPA 在技術、管理以及戰略層面所遇到的困難,並提供相應的解決方案,幫助讀者全面理解 RPA 實施過程中的各種考量。

1-3-1 技術層面的挑戰

在這一小節中,我們將探討實施 RPA 時可能遇到的技術問題,包括與現有系統的整合難題、軟體機器人的維護問題,以及面對複雜業務流程時的自動化限制等。這些技術挑戰如何克服,將直接影響到 RPA 專案的成功率。

⊟ 系統整合性問題

RPA 需要與現有的 IT 架構和系統整合。如果企業的 IT 系統過於複雜或過時,可能會影響 RPA 的效能和可靠性。

- 解決策略:在部署 RPA 之前,進行全面的 IT 環境評估,並確定必要的系統升級或整合工作。還有使用 API 和中介軟體也可以協助 RPA 更適切地與各種系統一起運作。

提示詞 RPA03.txt

IT 是指什麼?

ChatGPT 回答內容

> **ChatGPT**
> "IT" 是 "資訊科技" 的簡稱,在台灣通常也這麼稱呼。資訊科技指的是運用電腦、軟體、網路和其他數位設備或系統來儲存、處理、傳輸及保護資訊的科學與實務。這個領域裏括了許多不同技術和學科,如電腦硬體、軟體開發、數據分析、網路建設及資訊安全等。資訊科技在現代社會扮演著重要角色,無論是在商業、教育、醫療還是政府單位的運作中都非常關鍵。

🖵 維護與更新

RPA 機器人需要定期維護和更新，以適應業務流程和系統的變化。

- **解決策略**：建立一個持續的監控和維護計劃，確保 RPA 機器人能夠及時更新，並保持最佳性能。

1-3-2 管理層面的挑戰

除了技術問題，RPA 的推行同時也是一項管理課題。本小節將討論在管理層面上，如何處理員工對於 RPA 的接受程度、培訓需求、以及在自動化流程中的角色轉變等問題。這些管理挑戰的解決方案對於維持組織運作和提升員工士氣都是不可或缺的。

🖵 技能缺乏

RPA 部署需要特定的技能，包括流程管理、機器人開發和資料分析等。

- **解決策略**：提供相關培訓，或者招募具備這些技能的專業人才。也可以考慮與專業的 RPA 顧問公司合作。

🖵 員工抗拒改變

員工可能會擔心 RPA 會取代他們的工作，進而對自動化持抵觸態度。

- **解決策略**：進行有效的內部溝通，明確 RPA 的好處，並解釋它如何幫助員工從繁瑣的工作中解放出來，專注於更有價值的任務。

1-3-3 戰略層面的挑戰

在戰略層面上，RPA 需要與企業的長期目標和戰略規劃相結合。這將幫助決策者了解在高層策略上應該如何整合 RPA，使其成為推動企業成長的力量。

⊟ 缺乏清晰的 RPA 戰略

沒有一個明確的 RPA 部署計劃和目標，可能導致 RPA 專案的失敗。

● **解決策略**：制定一個詳細的 RPA 戰略，包括選擇合適的流程進行自動化、設定可衡量的目標和進行定期的評估。

⊟ ROI 期望不切實際

企業可能期望 RPA 帶來立竿見影的高投資回報，但這可能不符合實際情況。

● **解決策略**：設定合理的期望值，並瞭解 RPA 帶來的好處可能需要一段時間才能顯現。同時，投資回報應該從多個維度來評估，不僅僅是財務節省。

提示詞 RPA04.txt

ROI 是指什麼？

ChatGPT 回答內容

> **ChatGPT**
> "ROI" 是 "Return on Investment" 的縮寫，中文通常譯為「投資回報率」。這是一個財務術語，用來評估某項投資所帶來的盈利與成本之間的關係。簡單來說，ROI 是一種衡量投資效益的指標，通常以百分比來表示。
>
> 計算ROI的基本公式是：
>
> $$ROI = \frac{(投資所得 - 投資成本)}{投資成本} \times 100\%$$
>
> 這個公式幫助投資者或業務決策者了解他們的投資是否盈利，以及相較於其他投資選擇的效益如何。高的ROI表示投資回報高，而低的ROI則表示較少的盈利或甚至虧損。這個指標被廣泛應用於各種財務決策、業務策略以及項目評估中。

　　當我們對於 RPA 的風險與挑戰有了深入理解後，可以幫助企業更有效地規避問題，並充分利用 RPA 帶來的好處。成功的 RPA 部署需要全面的規劃、持續的管理和對變革的適應能力。此外，應該要認知 RPA 是一個持續進化的技術，需要不斷學習和適應。

NOTE

第 **2** 章

Power Automate 的基礎

當今的數位轉型浪潮中，自動化已成為提高效率和創新的關鍵工具。微軟的 Power Automate，作為自動化解決方案的領航者，正改變著個人和企業處理日常任務的方式。本章節將帶領讀者初步了解 Power Automate 的世界，探索其功能、特色，以及如何將它融入您的工作流程中。

2-1　Power Automate 簡介與主要版本

本單元介紹 Power Automate，解釋其在自動化領域中的地位與版本類型。這將為我們提供一個堅實的基礎，去理解這個工具的多樣性以及它如何服務於各種業務需求。

2-1-1　什麼是 Power Automate

Power Automate，原名 Microsoft Flow，是微軟推出的一款自動化流程服務，目的在於透過「流程自動化」來增進工作效率和資料整合。它的設計讓即便沒有程式設計背景的使用者也能輕易地建立自動化工作流程，例如自動回覆電子郵件、整合多個應用服務的資料、自動化檔案傳輸等。

　　舉例來說，一個常見的應用情境是自動化報告生成。假設你是一家銷售公司的資料分析師，每一個月都需要從不同來源收集資料，整合成報告。透過 Power Automate，你可以設定一個流程，當來源資料更新時，自動提取所需資料，並使用 Power BI 進行分析和視覺化，然後將生成的報告發送給團隊成員。這大大減少了重複性勞動，讓你可以專注於更有價值的工作。

▲ Power Automate 官網 https://powerautomate.microsoft.com/zh-tw/

2-1-2 Power Automate Desktop

　　Power Automate Desktop 是 Power Automate 的桌面版本，它提供了「機器人流程自動化」（RPA）的功能。使用者可以透過視覺化的設計介面來建立自動化的桌面應用流程，不需要撰寫任何程式碼。這對於企業來說，這是一個巨大的進步，因為它降低了自動化門檻，讓非技術員工也能夠參與流程的自動化。

　　例如，在人力資源部門，員工入離職的過程中涉及大量的表單填寫和資料登錄。使用 Power Automate Desktop，人力資源部門可以建立一個流程，自動從入

職表單中抓取資料,並填入到公司的人力資源系統中,同時發送必要的郵件通知到相關部門,這樣不僅提高了資料處理的準確性,也節省了大量的時間。

▲ Power Automate Desktop 提供多種自動化範本

2-1-3 Power Automate 雲端版與桌面版差異

我們將比較「Power Automate 雲端版與桌面版差異」,幫助讀者選擇最適合其需求的版本。雖然 Power Automate 的雲端版和桌面版都是為了實現流程自動化,但它們各有專長和應用情境。雲端版的主要優勢在於其能夠整合多種雲端服務和 API,例如 Office 365、Dynamics 365 和第三方應用程式如 Twitter 或 Dropbox。而桌面版則擅長於自動化本地桌面應用程式和文件處理工作。

▲ Power Automate 雲端版能夠整合多種雲端服務

舉個例子，如果你需要自動化一個涉及 Web 服務的工作流程，例如從社交媒體收集回饋並分析，那麼雲端版將是更好的選擇。相對地，如果任務是在本地電腦上自動化一系列複雜的 Excel 操作和檔案管理，則桌面版將更為合適。

整體而言，選擇哪一個版本取決於你的具體需求，以及你想要自動化的工作流程的性質。微軟也提供了 Power Automate 的免費試用版本，讓使用者可以實際操作看看，以便更好地做出決策。

關於 Power Automate 的更多資訊，可以參考本書第 12 章「Power Automate 學習資源」，包括官方網站學習資源、社群論壇學習資源及 YouTube 學習資源。

2-2 Power Automate 和其他自動化工具的不同

在今日多變的數位工作場景中，自動化工具如同現代企業的「數位助手」，致力於提升效率並簡化繁瑣的工作流程。Power Automate，作為這一系列工具中的佼佼者，不僅因其深度整合於微軟生態系統而備受推崇，更因其獨特的特性在同類

工具中脫穎而出。以下將分別從多個角度剖析 Power Automate 與其他自動化工具的不同，突出其獨特之處，以及它是如何在自動化工具市場中脫穎而出。

2-2-1 深度整合 Office 365

Power Automate 對於深耕於 Office 365 生態系的企業而言，提供了一條流暢的數位化轉型之路。此工具緊密結合了如 Excel、Outlook、SharePoint 等眾所周知的 Office 套件應用，使得原有的文件和電子郵件處理工作可以快速轉化為自動化流程。例如，當員工將最新銷售報告上傳至 SharePoint 的特定文件資料庫時，Power Automate 能即時觸發一連串的動作，自動整合報告資料到 Excel，進行資料處理，並透過 Outlook 將處理後的結果發布給全體銷售人員。這種整合提供了極大的便利，特別是在需要跨部門協作及時共享資訊的工作流程中。

拿一家以出口貿易為主的台灣企業來說，可能每天都要處理來自世界各地的訂單與出貨資訊。透過 Power Automate，這家公司能夠建立一個自動化的流程，當客戶訂單以電子郵件形式收到時，系統自動將訂單資料入到 Excel 中，並更新到 SharePoint 上的庫存管理系統，同時自動回覆客戶確認郵件，並通知倉庫準備出貨，這大幅提升了工作效率與客戶滿意度。

另外，Power Automate 也能夠協助人力資源部門自動處理員工的請假申請流程。當員工透過內部系統提出請假申請後，Power Automate 可以自動將申請資訊匯集到一個中央的 Excel 檔案中，方便人力資源（Human Resources, HR）部門進行管理與追蹤，並且自動更新到公司的出勤記錄，減少人工錯誤並提升資料透明度。這種自動化不僅簡化了流程，也加強了企業內部的資料準確性和即時反應能力。

2-2-2 無程式碼 / 低程式碼的流程建構

在當前的數位轉型浪潮中，Power Automate 以其「無需撰寫程式碼」的特性，為各行各業提供了極大的便利。此平台的直覺式操作介面，讓沒有程式開發背景的普通使用者也能輕鬆定義和部署自動化工作流程。使用者僅需透過視覺化的拖放操作，便可組合出應對各種業務場景的自動化方案。

以台灣的中小企業為例，經常面臨人力資源有限而業務需求繁多的挑戰。例如，一家本地創業公司希望追蹤其產品在社交平台上的熱度和客戶互動情況。透

過 Power Automate，該公司的行銷團隊可以快速搭建一個自動化系統，當品牌被提及或評論時，系統即自動收集這些資訊並匯總成報表，進而分析行銷活動的成效，而這一切都不需要一行程式碼。

進一步來說，假如有一家台灣的文化創意工作室，需要定期更新其網站上的作品集和相關活動資訊。利用 Power Automate，他們可以設置一個流程，在新作品上傳至雲端儲存後，自動更新網站頁面，同時將活動資訊發佈到社交媒體，提高作品的曝光率和參與度。

另一個應用情境是在人資流程自動化方面。例如，台灣某科技公司的人資部門需要處理大量的員工資料和請假申請，這原本是一項耗時且容易出錯的工作。透過 Power Automate，HR 人員可以設計一個流程，當員工提交請假申請時，系統會自動將請假資料匯入資料庫，並同步更新至考勤系統，同時通知相關主管審批。這樣不僅提升了工作效率，也確保了資料的準確性。

Power Automate 的這種無需程式設計能力，對於資源有限但希望快速實現數位化的台灣中小企業來說，是一種革命性的工具，它為非技術人員提供了參與和優化工作流程的能力，進而加速企業的數位轉型進程。

▲ Power Automate Desktop 提供一種無需程式設計的自動化工具

2-2-3 豐富的連接器生態系統

Power Automate 憑藉其豐富的連接器生態系統，在自動化領域裡獨樹一格。該平台涵蓋超過 300 種連接器，可與眾多第三方服務和應用程式進行互聯互通。無論是社交媒體平台如 Twitter、Facebook，還是像 Google 這樣的雲端服務，或是 Oracle DB 這些專業的商業解決方案，Power Automate 都能夠提供無縫的整合方案，使不同的應用服務間的資料流轉得以自動化，這種跨平台的自動化能力是許多其他自動化工具所無法達到的。

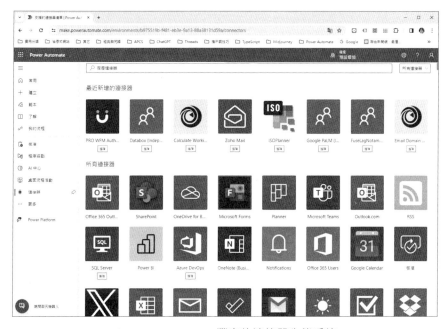

▲ Power Automate 豐富的連接器生態系統

在台灣，許多企業正快速地將業務流程數位化。例如，一家跨國電商平台可能需要即時追蹤來自不同社交媒體通路的客戶回饋。透過 Power Automate 的連接器，該企業能夠設定自動化規則，一旦在 Facebook 或 Twitter 上有客戶評論，系統便會自動收集這些資訊，並將其收集並彙整在 CRM 系統中，進而快速響應客戶需求並做出策略調整。

提示詞

什麼是 CRM ？

ChatGPT 回答內容

> **ChatGPT**
> CRM，全稱客戶關係管理（Customer Relationship Management），是指用來管理和提升與客戶互動關係的策略、技術和工具。主要目標是增加客戶滿意度與忠誠度，同時提升企業的營運效率。
>
> CRM系統的主要功能包括：
>
> 1. **客戶資料管理**：蒐集與儲存客戶的基本資料，像是聯絡方式、消費紀錄和互動記錄。
> 2. **業務管理**：追蹤業務流程與商機，從潛在顧客開發到成交。
> 3. **行銷工具**：設計與管理行銷活動，並分析活動成效。
> 4. **客服**：提供客戶支援與服務，包括問題處理和回饋蒐集。
> 5. **分析與報表**：分析客戶資料與績效指標，幫助改善決策過程。
>
> CRM解決方案可以是雲端的或者是安裝在本地的，適合各種行業與規模的企業。運用CRM，企業能更有效率地管理客戶關係，提高業務與行銷的成效，進而促進業務成長。

另一個例子是一家台灣的金融服務公司，它使用 Oracle DB 來處理大量的交易資料。透過 Power Automate，該公司能夠自動化其資料處理流程，一旦有新的交易記錄產生，相關資料就會自動匯入到分析工具中，並生成即時報表供決策者參考，極大地提升了工作效率和資料分析的即時性。

Power Automate 這一特性對於需要整合多種應用和服務的台灣企業來說，是一種遊刃有餘的解決方案。它的連接器生態系統不僅滿足了企業對自動化的基本需求，更為企業提供了一種靈活性，讓它們能夠根據變化的市場需求迅速調整自動化流程，保持競爭力。

在與其他自動化工具的比較中，Power Automate 在擴充性、使用者友好度和多平台整合上都展示了其獨特優勢。然而，要充分利用這些優勢，企業和個人使用者需要深入理解其特性和潛力，這就要求專業的學習資源和社群支持。為了更深入的了解，建議讀者參考微軟的官方文件（Power Automate 文件）。

https://docs.microsoft.com/zh-tw/power-automate/

以及相關技術社群和論壇，如 Microsoft Tech Community（Power Automate 社群）等，這些都是學習和交流的寶貴場所。

https://techcommunity.microsoft.com/t5/power-automate/ct-p/PowerAutomate

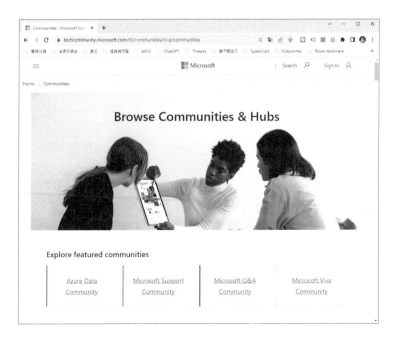

2-3 Power Automate 的特色與效益

在當今企業尋求數位轉型以提高效率和競爭力的大背景下,流程自動化工具如 Power Automate 成為了重要的助力者。透過本節的深入探討,我們將明白 Power Automate 的獨特功能及其帶來的效益,並理解它如何成為企業加速業務流程、提升工作效率、減少人為錯誤和成本的關鍵工具。

2-3-1 Power Automate 的特色

在這一小節,我們將探討 Power Automate 的核心特色,如智慧型自動化、無縫的跨平台整合、以及高度客製化與彈性配置等。這些特色不僅使 Power Automate 在眾多自動化工具中脫穎而出,更為各種規模和行業的企業提供了定制化和靈活性的解決方案。

● 智慧型自動化

Power Automate 不僅僅是一個流程自動化工具,它還具備智慧型分析的能力。這意味著它可以透過 AI 來學習使用者的工作模式,進而提出建議的流程自動化,使得工作效率得以顯著提升。例如,對於一家台灣的電子商務公司來說,Power Automate 能夠分析客戶服務的郵件,自動識別並分類客戶詢問的類型,然後將郵件轉發給最合適的部門,或是直接提供標準化的回答。

● 無縫的跨平台整合

Power Automate 的跨平台整合能力為企業解決了資訊孤島的問題。它能夠連接不同的應用程序和服務,如 Microsoft 365、Dynamics 365、Azure 以及其他第三方服務,創造一個緊密相連的工作環境。台灣的金融機構可以使用 Power Automate 來連接他們的客戶關係管理系統和內部審核流程,使得從客戶資料收集到貸款批准的整個流程更加流暢和透明。

● 高度客製化與彈性配置

Power Automate 允許企業根據特定需求來客製化流程。它提供了一個可高度定製的平台,企業能夠根據自己獨特的業務流程和規則來設計自動化方案。例如,台灣的製造業可以利用 Power Automate 來監控產線狀態,自動安排維修任務,並在關鍵設備出現故障時發出即時警報。

2-3-2 Power Automate 的實際效益

在 Power Automate 的特色基礎上，本小節將展開討論它為企業帶來的具體效益。包括如何透過自動化日常任務來提升效率、節省成本，以及如何透過減少重複性工作來減少錯誤。透過這些效益，我們將了解 Power Automate 如何成為推動企業數位化和效率化的重要動力。

● 提升效率

自動化日常任務不僅節省了大量時間，也允許員工專注於更有價值的工作。例如，台灣的保險公司利用 Power Automate 自動處理索賠流程，從客戶提交索賠到資料驗證、評估和支付賠款，每一個環節都經過優化，大大縮短了整個流程的時間。

● 節省成本

透過減少手動處理的需求，企業能夠節省人力成本。以台灣的物流公司為例，透過 Power Automate 的自動化解決方案，公司能夠實時追蹤貨物，自動更新運輸狀態，減少了對客服人員的依賴。

● 減少錯誤

自動化流程降低了人為錯誤的可能性。在台灣的醫療產業，Power Automate 可以整合病患資料，自動填寫和更新病歷，這不僅提升了資料處理的精確度，也保障了病患的資料隱私。

總而言之，Power Automate 為企業提供了一種轉型的途徑，使其能夠快速適應市場變化，並提升整體營運能力。透過自動化繁瑣且重複的工作流程，企業不僅能提高效率，還能在快速變動的商業環境中保持競爭力。

2-4 Power Automate 桌面版下載與安裝

在這數位化快速進展的時代，將日常工作流程自動化已成為提升工作效率的重要手段之一。針對 Windows 使用者，Power Automate 桌面版提供了一個強大的平台，讓使用者得以在 Windows 作業系統中輕鬆建立及管理自動化任務。對於還未搭載 Windows 11 的使用者（該版本作業系統已預載 Power Automate 桌面版），只需簡單地前往微軟官方網站，就能下載並安裝這個極具生產力的工具。

本章節將為讀者提供一步一腳印的安裝指南，從選擇合適的版本、了解系統要求，到實際的下載與安裝過程，我們將確保讀者能夠無縫地在自己的電腦上啟用 Power Automate 桌面版。例如，你可以建立一個自動化腳本來管理電子郵件，或是設定定時執行的資料備份流程，這些都將大大釋放你的時間，讓你專注於更有創造性和策略性的工作。

Tips ／建立 Microsoft 帳戶

我們將介紹如何「建立 Microsoft 帳戶」，以便使用所有 Microsoft 的服務，包括 Power Automate。在我們開啟 Power Automate 桌面版的大門，踏進自動化的世界之前，首先需要的是一把鑰匙（也就是你的微軟帳號）。這把鑰匙不僅讓你進入自動化的殿堂，還能確保你建立的流程安全地儲存於與帳號相連結的 OneDrive 雲端空間中。這樣，無論你身處何地，隨時隨地都能存取這些自動化的智慧成果。如果你還沒有微軟帳號，別擔心，步驟簡單快速。只要點擊以下連結，跟著指示輕鬆註冊，你就能立即擁有自己的帳號，開始建立專屬於你的自動化工作流程。註冊微軟帳號連結：

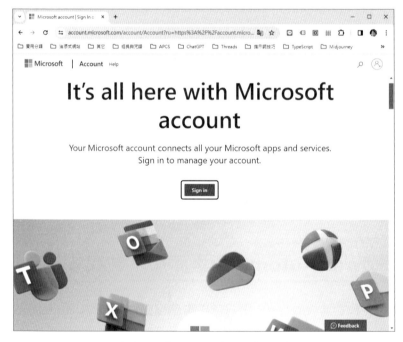

▲ https://account.microsoft.com/

2-4-1 下載 Power Automate 桌面版

底下示範如何在 Windows 10 下載與安裝 Power Automate 桌面版，請操作步驟如下：

 STEP 1 首先，透過您的網路瀏覽器直接開啟下圖網址的網頁，並按下「免費開始」鈕就可以下載 Power Automate 桌面版。

https://powerautomate.microsoft.com/zh-tw/robotic-process-automation/

STEP 2 接著請點選「Install Power Automate using the MSI installer」超連結下載 Power Automate MSI 安裝程式。

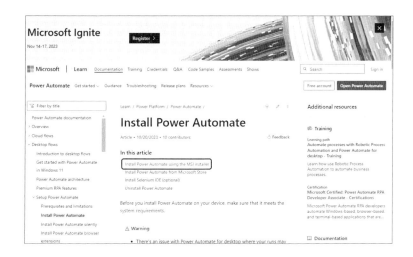

3
STEP
出現下圖畫面再點選「Download the Power Automate installer」超連結，接著就會開始下載安裝程式。

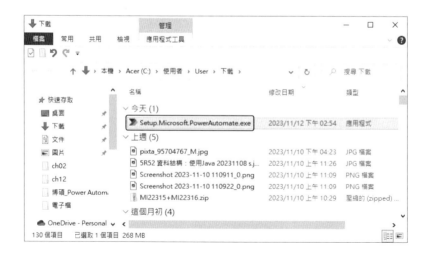

4
STEP
下載完畢後，會將安裝檔案儲存至您的電腦，通常是桌面或是「下載」資料夾，接著就可以在讀者瀏覽器預設的下載資料夾看到 MSI 安裝程式，如下圖所示：

2-4-2 安裝 Power Automate 桌面版

當成功下載 Power Automate 桌面版的安裝程式後,接著就來示範其安裝步驟:

1 STEP 首先找到並雙擊執行 Setup.Microsoft.PowerAutomate.exe 安裝檔,啟動安裝程序後,您將看到「安裝 Power Automate 套件」的安裝精靈,只要依照畫面上的指示進行操作,首先請按「下一步」鈕。

2 STEP 在安裝過程中,您可能需要選擇安裝路徑、或是否需要安裝 Java 應用程式的 UI 自動化檔案,建議不需要更動任何項目,勾選最後一項同意服務條款,然後點選「安裝」按鈕。

接著如果看到「使用者帳戶控制」視窗，請直接按下「是」鈕，接著就會秀出目前安裝進度的視窗。

當安裝工作完成後，會出現「安裝成功」的視窗，如果按「啟動應用程式」鈕可以立即啟動 Power Automate 桌面版程式，此處請先按「關閉」鈕來結束程式的安裝工作。

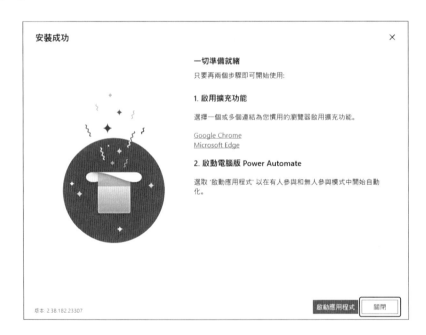

## 第3章

第一次 Power Automate 自動化就上手

進入自動化的世界是一個令人興奮的旅程,而 Power Automate 提供了一個強大且直觀的平台,讓這個過程更加容易和高效率。本章將指導讀者如何快速入門 Power Automate,從最基本的桌面流程組成開始,一直到管理和控制您的自動化任務。這將是您實現工作自動化、提高生產力的第一步。

3-1 桌面流程的組成—動作與順序

在討論桌面流程的組成要素時,「動作」與「順序」是兩個極其關鍵的概念。一個動作可以被視為流程中的一個步驟,它可能是一個點擊、一個鍵盤輸入、一次資料擷取,或是任何其它類型的操作。而順序則是指這些動作發生的次序。在 Power Automate Desktop 中,我們可以使用一系列預先定義的動作來組織和建構我們的自動化流程。

3-1-1 動作的種類與應用

在 Power Automate Desktop 中,動作可以分為多個類別,包括但不限於檔案操作、系統操作、文字處理、網路操作等。每一類別中都包含了多種動作,比如檔案操作類別中包含了建立、讀取、寫入和刪除檔案的動作。

例如，如果我們需要自動化一個報告的生成過程，我們可能會需要依序使用「讀取資料庫」的動作來擷取資料，「寫入文字檔」的動作來產生報告的初稿，接著使用「發送郵件」的動作來將報告發送給相關人員。這個例子中每一步都是一個動作，而這些動作按照一定的順序組織起來，形成了一個完整的流程。

3-1-2 動作的配置與調整

當使用者在 Power Automate Desktop 中選擇一個動作時，通常需要對它進行配置。這包括設定動作的參數，比如指定檔案路徑、輸入文字、定義變數等。正確配置這些參數對於確保流程正確執行是一件相當重要的工作。

以「從檔案讀取文字」的動作為例，我們需要指定要讀取的檔案的路徑和名稱。如果檔案路徑或名稱指定錯誤，流程在執行時就會出錯。這就需要我們事前仔細規劃並測試每一個動作的配置。

3-1-3 順序的重要性與邏輯設計

在 Power Automate Desktop 的世界裡，動作的排列順序好比烹飪時的食材加入時機，稍有不慎就可能導致整道菜的風味大打折扣。動作順序的設計不只是一次排列而已，更多的是關於如何透過邏輯的設計（比如說，運用條件判斷或迴圈等控制結構）來精準地操控每一步驟，確保流程能夠按照預定的步驟安排高效率執行。

🔲 條件判斷

讓我們深入探討一個例子，想像我們正在建立一個針對線上商店的客戶訂單處理流程。在這個流程中，我們要設計一個自動化系統，它能夠評估每筆訂單的金額並自動決定是否提供折扣。此處的「條件判斷」就像是我們流程的守門人，它要檢視每一筆交易，如果訂單金額超過特定門檻，就觸發折扣機制；若未達標，則維持原價。

此時，設定正確的條件判斷順序就非常重要。例如，如果先執行了折扣，而後才檢查訂單金額，那就本末倒置了。所以，我們必須精細設計流程，先確認訂單金額是否符合折扣資格，再進行折扣計算。這樣的邏輯順序設計不僅提升了流程的正確性，也提高了其執行效率。

在這個流程設計中，我們可能還會遇到需要處理的其他條件，比如訂單是否為首次購買、顧客是否為 VIP 等，這些都需要我們在流程中細心考量。

透過 Power Automate Desktop，我們可以設計出複雜的邏輯判斷，將這些條件層層疊加，進而建立出一個既複雜又精確的自動化流程。這就是順序與邏輯設計在流程自動化中扮演的角色，它確保了每一個環節都能夠在正確的時機以正確的方式執行，為企業帶來更有效率的工作流程和更佳的客戶體驗。

🔲 迴圈

迴圈控制結構在 Power Automate Desktop 中的應用是非常靈活和強大的。迴圈允許我們針對一組動作進行重複執行，直到達成特定條件。這在處理大量資料或需要重複任務時尤其有用。

比方說,假設一家公司需要定期檢查其庫存系統,並對所有庫存水位低於特定閾值的物品發出補貨請求。這裡,我們可以使用「For Each」迴圈,它會遍歷系統中的每一項物品,執行一系列檢查動作。

在這個流程中,迴圈的第一步可能是「讀取庫存列表」,接著迴圈中的每一次迭代都會「檢查單個物品的庫存量」。如果某物品的庫存量低於設定的閾值,流程會自動「生成補貨請求」並「發送通知給負責的採購員」。

提示詞 迭代 .txt

請問什麼是迭代?

ChatGPT 回答內容

🤖 **ChatGPT**

"迭代"（Iteration）是一個在多個領域中常用的概念,尤其在計算機科學和數學中特別重要。迭代指的是在一個過程中重複執行一組操作,直到達到某個預定目標或條件。在不同的情境下,迭代有不同的含義和應用:

1. **計算機科學和程式設計**:在程式設計中,迭代通常指的是使用迴圈（如for迴圈、while迴圈）重複執行一段代碼。這種方法常用於遍歷數據結構（如陣列或列表）,或者在滿足某個條件之前不斷重複一個過程。

2. **數學**:在數學中,迭代是一種通過反覆應用一個函數來逼近函數值的方法。例如,迭代方法可以用來求解方程。

3. **產品開發和項目管理**:在敏捷開發等項目管理方法中,迭代指的是產品或項目開發過程中的一個短期階段。在每個迭代階段,團隊會開發出一個可工作的產品版本,然後根據反饋進行調整,逐步完善產品。

4. **算法和數據分析**:在算法設計中,迭代方法用於逐步改進解決方案,直到達到最佳化或滿足特定準則為止。

總的來說,迭代是一種逐步接近目標或解決問題的方法,它通過重複應用某些步驟或操作來達成。

 **閾值 .txt**

請問什麼是閾值？

 ChatGPT 回答內容

> **ChatGPT**
> "閾值"（Threshold）是一個在多個學科中都有廣泛應用的概念，其基本含義是一個界限或分界點，用來判斷某種情況是否應該發生或某個行動是否應該被執行。具體到不同的領域，閾值的意義和用途各有不同：
>
> 1. **統計學和數據分析**：在這些領域中，閾值通常用來決定何時接受或拒絕某個統計假設。例如，在假設檢驗中，閾值可以是一個特定的概率值（如0.05），用來決定是否拒絕零假設。
> 2. **計算機科學和資訊技術**：在這裡，閾值可能指的是決定演算法何時觸發的特定值。例如，在影像處理中，一個閾值可以用來決定何時將像素從黑轉為白，或者在機器學習中，閾值可以用於分類決策。
> 3. **工程學和物理學**：在這些領域，閾值可能指的是系統狀態改變的界限。例如，在材料科學中，應力閾值可能指的是材料開始變形或破壞的點。
> 4. **心理學和感知科學**：在這裡，閾值是指一個最低的感知限度，比如聽覺閾值是人能聽到聲音的最低音量。
>
> 總結來說，閾值是一個關鍵概念，用於許多不同的科學和工程領域中，用來表示某種量達到了足以引起質變或行動的水平。

此外，如果庫存系統非常龐大，我們還可以在迴圈中包含另外一個迴圈，比如一個迴圈用於遍歷不同的倉庫，另一個迴圈用於遍歷倉庫內的所有物品。這種多層迴圈結構可以讓流程更加精細化管理各層次的檢查。

迴圈的控制也可能涉及到更複雜的邏輯判斷，它會持續執行動作直到某個條件不再滿足。例如，我們可以設計一個流程，在系統接收到新訂單時，不斷檢查訂單處理狀態，直到所有訂單都已處理完畢。

這樣的迴圈控制結構不僅可以大幅度提升工作效率，還可以在執行期間動態調整，根據實際情況做出即時反應。這種高度的自動化和智慧化是 Power Automate Desktop 提供的強大功能之一，能夠幫助企業解決複雜的業務問題，提高工作的靈活性和應對能力。

3-2 建立第一個 Power Automate 桌面流程

本單元我們將逐步進行實作，從零開始建立您的第一個桌面流程（Desktop Flows）。這將是一個實際操作的學習經驗，透過親手操作，您將更加熟悉 Power Automate 的功能。

本書中前面的章節示範是 Power Automate 桌面版程式，如果沒有特別說明桌面版，而只有 Power Automate 也是指桌面版程式。在第 11 章介紹的內容才是 Power Automate 雲端版程式。

3-2-1 啟動 Power Automate

要啟動 Power Automate 請先確認已申請好微軟帳號，接下來的步驟如下所示：

STEP 1 請執行「開始 /Power Automate/Power Automate」指令就可以啟動 Power Automate。接著請輸入各位所申請的微軟帳號：

STEP 2 在下圖視窗中輸入微軟帳號的密碼，再按下「登入」鈕。

3
STEP 先選擇國家和地區後,就可以直接按下「開始使用」鈕,

4
STEP 會出現如下圖視窗的「歡迎使用 Power Automate」的視窗,各位可以選擇快速導覽或跳過,此處我們先按「跳過」鈕。

STEP 5

接著出現下圖視窗說明如何開始使用導覽,請勾選「不要再顯示」核取方塊,再按「了解」鈕。

STEP 6

接著進入如下圖的執行畫面,視窗上方為 Power Automate 歡迎使用的頁面。

3-2-2 建立第一個桌面流程

接下來,我們來示範如何使用 Power Automate 建立第一個桌面流程,請參考底下的執行步驟:

STEP 1 當啟動 Power Automate 後,請切換到「我的流程」標籤,由於是第一次執行 Power Automate,所以目前看不到任何流程。要開始建立新流程,可以在下圖中按下「新流程」鈕。

STEP 2 在「流程名稱」欄輸入「我的第一個流程」名稱後,接著按「建立」鈕就可以建置桌面流程。

STEP 3 在下圖中的「我的流程」標籤中可以看到剛才新增的流程名稱。

STEP 4 接著 Power Automate 會啟動桌面流程的設計工具，請在左側的「動作」窗格展開「訊息方塊」類別後，拖曳「顯示訊息」動作到中間的「Main」標籤，就完成了新增這個動作到主流程中。

STEP 5 新增動作完成後，就會立即產生「顯示訊息」視窗來編輯動作參數，接著請在「訊息方塊標題」欄輸入「正能量的一句話」標題文字，並在「要顯示的訊息」欄輸入要顯示的文字，如下圖中的「保持年輕的心態」，而「訊息方

塊圖示」則是設定要顯示的圖示,此例請設定為「資訊」,設定完成後,記得按下「儲存」鈕。

6
STEP 接著就可以在「Main」標籤中看到新增的動作,在右邊的「變數」窗格中,可以看到多了一個「ButtonPressed」流程變數。

7 到目前為止我們已完成第一個桌面流程的建立工作，接著各位可以執行「檔
STEP 案 / 儲存」指令來將這個桌面流程儲存起來。

8 接著請在 Windows 工作列切換到「桌面流程管理工具」視窗，就可以在
STEP 「我的第一個流程」的項目，按下其右側的三角箭頭鈕（ ▷ ）來執行這一
個名稱的桌面流程。

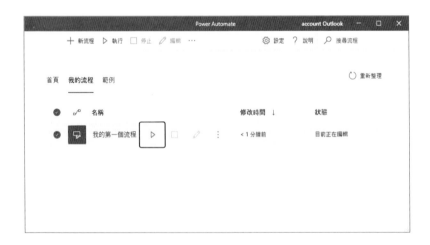

只要等一下，就會出現如下圖內容的訊息視窗，包括了訊息方塊的標題及視窗中的顯示訊息，最後請按下「確定」鈕，完成這個桌面流程的執行工作。

3-3 Power Automate 桌面版介面導覽

這個單元我們將導覽 Power Automate 桌面版的使用者介面，幫助各位熟悉工具的各個部分的功能，進而更加有效率地建立和調整流程。Power Automate 桌面版的介面包括兩大工具：「桌面流程管理工具」及「桌面流程設計工具」。

3-3-1 桌面流程管理工具

當我們在 Power Automate 建立桌面流程後，就可以在「桌面流程管理工具」的「我的流程」標籤，看到所有新增的桌面流程。在每一個桌面流程的名稱後，可以看到「執行」、「停止」及「編輯」三個圖示鈕，如果各位點選 3 個點 ⋮ 圖示，就會出現下拉式的指令選單，各指令功能說明如下：

指令名稱	功能說明
執行	執行桌面流程
停止	停止桌面流程的執行工作
編輯	編輯桌面流程
重新命名	桌面流程名稱的重新命名
建立複本	建立桌面流程的複本
刪除	刪除桌面流程
屬性	查看這個桌面流程的相關屬性

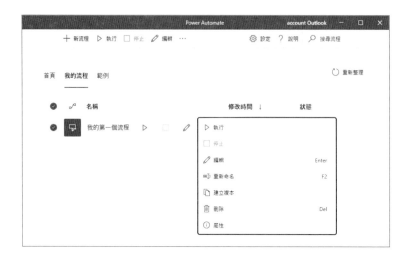

3-3-2 桌面流程設計工具

當新增一個桌面流程，或是按下已建立的桌面流程名稱右側的「編輯 🖉」鈕圖示，就會開啟如下圖的桌面流程設計工具。Power Automate Desktop（PAD）為使用者提供了一個直觀的圖形化介面，讓沒有程式設計背景的人也能輕鬆地設計和執行自動化流程。在這個介面中，有幾個關鍵的區域：

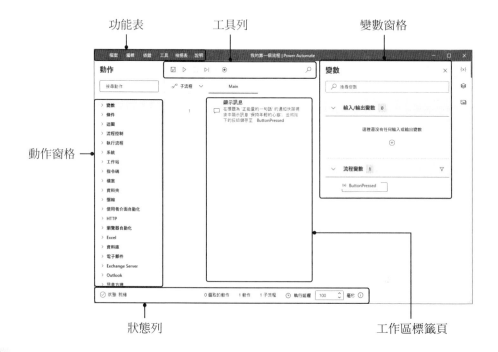

● **功能表**

功能表區域位於視窗的最上方,提供了一系列下拉式選單,包含「檔案」、「編輯」、「偵錯」、「工具」、「檢視表」及「說明」等選項。

● **工具列**

工具列位於功能表下方,提供快速訪問最常用的命令和功能,如「執行」、「停止」流程等。這些圖示化的按鈕可以讓使用者迅速執行常見操作,提高工作效率。

● **動作窗格**

動作窗格是 PAD 中最核心的部分,它顯示了所有可用的自動化「動作」。這些動作被分類為「滑鼠和鍵盤」、「文字」、「系統」等,使用者可以透過拖放這些動作到工作區,建立自己的流程。例如,如果要自動填寫網頁表單,可以從「滑鼠和鍵盤」類別中找到相應的點擊和輸入動作。

● **狀態列**

狀態列位於 PAD 窗口的最底部,顯示流程執行時的狀態資訊,如當前執行的動作、執行進度、錯誤資訊等。這讓使用者可以即時監控流程的執行情況並快速定位問題。

● **變數窗格**

變數窗格列出流程中使用的所有變數。在這裡,使用者可以看到每一個變數的名稱、類型以及值。這是管理流程中資料的關鍵區域,例如,如果需要根據不同客戶的名稱來發送個性化郵件,就可以在這裡設定和修改客戶名稱的變數。

● 工作區標籤頁

工作區標籤頁顯示了目前正在編輯的流程。如果同時打開了多個流程，每個流程都會有自己的標籤頁，讓使用者可以輕鬆切換和管理多個流程。在每個標籤頁中，使用者可以視覺化地看到自己建立的流程，並可以透過拖放動作來修改流程。

透過這些介面區域的互動，使用者可以輕鬆地設計、執行和管理自動化流程，不僅提升了工作效率，也簡化了流程的複雜性。無論是資料輸入、文件處理還是系統監控，Power Automate Desktop 的介面都提供了強大的支援，使得自動化任務變得既簡單又有效率。

3-4 將流程以文字型態備存與匯入

本節將教您如何儲存和匯入您的流程。這是確保流程可持續性與在不同環境中能夠重複使用的關鍵步驟。在 Power Automate 桌面版沒有直接的匯出與匯入桌面流程的功能（但 Power Automate 雲端版支援），因此在 Power Automate 桌面版必須以「複製」和「貼上」的方式來匯出／匯入桌面流程。接著就來示範如何匯出 Power Automate 桌面流程及匯入桌面流程。

3-4-1 匯出 Power Automate 桌面流程

匯出 Power Automate 桌面流程，可以參考以下步驟：

1 **STEP** 按下「編輯」鈕開啟您想要匯出的流程。

2
STEP 在流程編輯器中,使用 Ctrl + A 快速鍵選取所有的流程步驟,接著使用 Ctrl + C 快速鍵將它們複製到剪貼簿。

3
STEP 打開一個文字編輯器,如記事本、Notepad++ 或 Visual Studio Code。使用 Ctrl + V 快速鍵將複製的流程步驟貼上至文字編輯器中,並儲存此文件為 .txt 格式,這樣就可以將流程以文字檔的形式儲存下來了。(本例儲存檔名:我的第一個流程.txt)

　　例如,如果您有一個自動化流程,用於從特定資料夾中選取文件並將它們移動到另一個資料夾,您可以按照上述步驟將該流程的步驟匯出到一個指定流程名稱的 .txt 檔案中。

3-4-2 匯入 Power Automate 桌面流程

匯入 Power Automate 桌面流程，可以參考以下步驟：

 開啟 Power Automate 桌面版，建立一個新的流程或打開一個已存在的流程，用於接收匯入的步驟。例如建立一個新的「流程匯入」流程名稱：

 打開之前儲存的「我的第一個流程.txt」檔案，使用 Ctrl + A 選取所有文字，然後使用 Ctrl + C 進行複製。

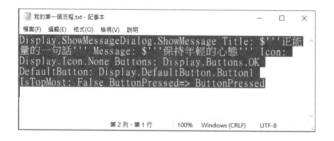

 回到 Power Automate 桌面版的流程編輯器中，點擊編輯區域使其獲得焦點。使用 Ctrl + V 快速鍵將步驟貼上到流程編輯器中。

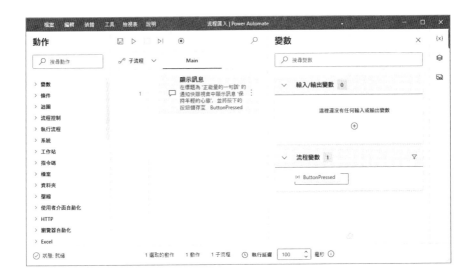

④ 檢查所有步驟是否都按照原來的順序和設定正確貼上了。
STEP

　　透過這樣的方式，我們可以在不同的機器或環境中共享和再利用 Power Automate 的流程，儘管這需要手動操作，但這是目前桌面版中可行的解決方案。

3-5　桌面流程的控制與管理

　　在 Power Automate Desktop（PAD）中，有效地監控、除錯及優化流程，對於確保流程穩定並達到預期效果至關重要。在這個單元中，我們將學習如何對流程進行精細的控制與管理，這包括建立子流程以模組化重複任務，以及編輯修改子流程以維護和提升流程效能。

3-5-1　建立子流程

　　子流程允許我們將複雜的流程分解成更小、更方便進行流程的管理。這對於重用邏輯和維護流程來說非常有用。例如，如果在多個流程中都需要執行「顯示訊息」的動作，我們可以將顯示訊息的動作建立一個子流程。

操作步驟示範：

STEP 1 先建立複本，點選「我的第一個流程」右側的 3 個點 ⋮ 的「更多動作」，執行「建立複本」指令。

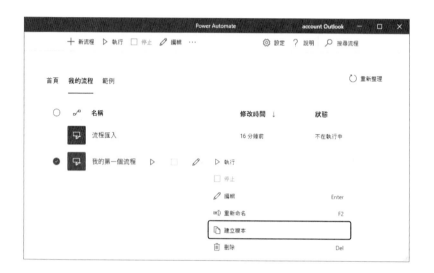

STEP 2 看到已儲存的複本。在「流程名稱」輸入「建立子流程」新名稱後，再按下「儲存」鈕。

3 **STEP** 出現下圖視窗後,再按「關閉」鈕。

4 **STEP** 接著在「建立子流程」流程名稱右側按下「編輯」鈕。

5 **STEP** 出現下圖視窗,請按「子流程」的下拉箭頭,按下「+新的子流程」鈕。

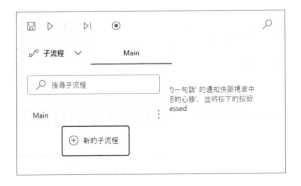

6 輸入「顯示第二句話」子流程名稱,最後按下「儲存」鈕。
STEP

7 在「顯示第二句話」標籤中拖曳「顯示訊息」動作。
STEP

8 參照下圖輸入訊息方塊的標題及訊息,再按下「儲存」鈕。
STEP

9 已看到新加入的子流程及其動作指令,當確認好所有動作的順序正確,並設
STEP 定好相關的變數和參數,請記得將此桌面流程儲存起來。

3-5-2 執行子流程

接著就來示範如何執行子流程，相關步驟如下：

1 STEP 從「動作」窗口拖曳「流程控制 / 執行子流程」動作到「顯示訊息」動作下方。

2 STEP 接著選擇要執行的子流程名稱，例如下圖中的「顯示第二句話」子流程，再按「儲存」鈕。

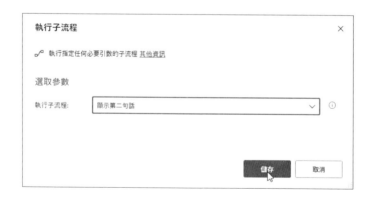

可以看到這個桌面流程已加入「執行子流程」的動作。

 下面二圖為「建立子流程」桌面流程的執行結果。

　　請注意，本例提供的「建立子流程.txt」只有桌面流程的動作。必須透過上述這些步驟，才可以確保子流程保持最新，並且與現有系統保持一致。這樣的維護工作確保了流程的穩定性和靈活性，讓業務流程可以迅速適應外部變化。

NOTE

第 **4** 章

桌面流程必懂的基礎知識

在進入本章的正題之前，讓我們先來回顧一下 Power Automate 桌面版的定位與功能。Power Automate Desktop 是微軟推出的一款專為 Windows 設計的自動化軟體，它使得沒有程式設計專業人士也能建立自動化流程，以處理各種重複性的桌面與網頁任務。這款工具的出現，意味著「自動化」不再是資訊科技（Information Technology, IT）部門的專利，任何一位對於提高工作效率有追求的職場人士都可以輕鬆入門。從基礎的「動作」開始，到變數、運算式、以及流程控制的各種技巧，我們將一步步打好自動化的根基，讓你的工作效率飛躍提升。

4-1 認識 Power Automate 的「動作」

我們將先從基本的「動作」開始著手，這是建立自動化流程不可或缺的基石，我們要來認真瞭解它是什麼，能做什麼。

4-1-1 動作的定義與類型

在 Power Automate Desktop 中，一個「動作」可以被理解為一個基本的操作指令，它代表了自動化流程中的一個步驟。這些「動作」可以簡單如「執行應用程式」、「按下網頁上的按鈕」，也可以複雜如「從網頁擷取資料」或「讀取自 Excel

工作表」。動作是可拖拉的，這意味著用戶可以透過直觀的圖形化介面，將這些動作按照邏輯順序拖入流程設計區，因此建立出一個完整的自動化任務。

舉個實際的例子，假設你每天都需要花費大量時間去處理收到的電子郵件，這時你可以透過 Power Automate Desktop 建立一個流程來自動化這個任務。這個流程可能包含幾個「動作」。透過這樣的流程，你將能夠節省出大量的時間來處理其他更需要專注的工作。

4-1-2 動作的進階應用

除了基礎操作，「動作」還可以進行組合，實現更為複雜的自動化任務。例如，你可以設計一個流程來自動生成報告：從擷取資料開始，到進行資料分析，再到將分析結果填充到報告範本中，最終生成一份完整的報告文件。

在了解了「動作」的基礎後，我們將在接下來的小節中深入探討如何使用變數以及流程控制來強化你的自動化任務。這將包括變數的定義、運算式的建立，以及「條件」和「迴圈」等流程控制結構的應用。而這一切的基礎，都是建立在對「動作」深入理解的基礎上的。

4-2 Power Automate 變數意義與建立

在 Power Automate Desktop 中，變數扮演著資料儲存與傳遞的角色，就像程式設計中的變數一樣，它可以在流程中儲存資訊，並在需要的時候被取用。變數能夠大幅提高流程的靈活性與可重用性，無論是儲存用戶輸入，還是儲存從網頁中擷取的資料，變數都是不可或缺的工具。

4-2-1 變數的名稱與字面值

選擇一個好的變數名稱對於提高流程的可讀性相當重要。一個好的變數名稱應該具備描述性，一看就知道它用來做什麼，比如 emailCount 用來儲存郵件數量，customerName 用來儲存客戶姓名。而字面值則是直接賦給變數的值，例如數字 10、字串 " 這是一個範例 " 等。

4-2-2 建立流程變數

讓我們以一個具體的例子來說明如何在 Power Automate 中建立變數。請參考底的步驟說明：

桀面流程範例 建立流程變數 .txt

1 STEP 開啟 Power Automate Desktop，並建立一個新的流程。

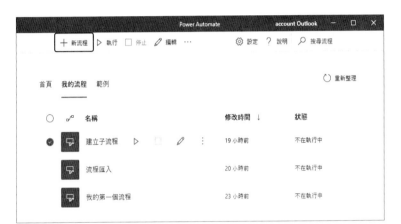

2 STEP 輸入流程變數名稱，如下例中的「建立流程變數」，再按下「建立」鈕。

③
STEP 在流程編輯器的左邊，有一個「變數」面板，在「變數」面板中，點擊
「設定變數」按鈕來建立一個新的變數。在彈出的對話框中，會自動產生
「NewVar」變數，請輸入變數的初始值，例如 0，輸入後再按「儲存」鈕。

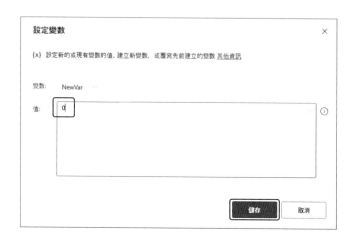

④
STEP 可以在下圖中看到已加入了「設定變數」的流程，而右側的變數窗格也新增
了「NewVar」流程變數。

5 STEP 在流程中,我們可以拖曳「變數 / 增加變數」動作來增加變數的值。下圖中的變數名稱記得要在變數名稱前後加入「%」符號;而「增加的量」則是輸入變數要增加的值,例如下圖中的 10,最後按下「儲存」鈕。

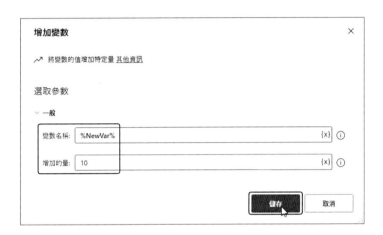

6 STEP 完成變數設置後,就可以看到目前完整的桌面流程。

⑦ 儲存與執行流程：儲存流程並進行測試，以確保一切按照預期運作，當按下
STEP 「執行 ▷」鈕，就會看到 NewVar 流程變增加了 10，如下圖所示：

透過以上步驟，我們建立了一個簡單的變數來增加變數的值，並將其應用於自
動化流程中。這個簡單的例子示範了變數在 Power Automate 中的基本應用。

變數的高階應用遠不止於此，它們可以用於條件判斷、迴圈控制以及資料傳遞
等複雜場景。瞭解並掌握變數的使用，對於建立高效且可維護的自動化流程極為
重要。在接下來的章節中，我們將深入探討變數在流程控制中的應用，以及如何
利用變數來處理更加複雜的資料處理任務。

4-3 變數的資料型態與型態轉換

在任何程式設計或自動化工具中，變數的資料型態都是核心概念之一。資料
型態決定了變數可以儲存的資料類型，以及可以進行哪些操作。Power Automate
Desktop 也不例外，它提供了多種資料型態來滿足不同的自動化需求。

4-3-1 變數的資料型態

數字（Number）

- **整數實例**：用於計數，如用戶點擊次數 5、儲存年齡 34。
- **浮點數實例**：用於需要小數的計算，如商品價格 19.99、體重 65.5 公斤。

文字（Text）

- 字串實例：儲存姓名 "John Doe"、地址 "123 Main Street"、或任何其他非數字資訊。

布林值（Boolean）

- 邏輯判斷實例：True 可能表示一個選項被選中，或一個條件被滿足，如用戶選擇同意條款；False 則可能表示未選中或條件不滿足。

日期時間（DateTime）

日期時間實例：可以用來儲存一個約會的日期和時間 "2023-05-15 14:30"，或記錄一個日誌條目的時間戳 "2023-04-01 09:00"。

- 清單（List）：清單（List）實例：儲存一組商品名稱 [" 蘋果 ", " 香蕉 ", " 橙子 "] 或任務清單 [" 洗衣服 ", " 購物 ", " 健身 "]。
- 字典（Dictionary）：鍵值對實例：儲存員工名單與其員工編號的對應 { "John Doe": "001", "Jane Smith": "002" } 或者配置設定 { "brightness": 75, "volume": 40 }。

這些資料型態可以獨立使用，也可以相互組合，用於 Power Automate Desktop 中複雜的自動化任務。例如，您可以使用字典來儲存一系列的布林值，來跟蹤多個不同選項的啟用狀態；或者在清單中儲存一系列日期時間對象，用來追蹤項目截止日期。這些資料型態的靈活組合和應用，為自動化工作流程提供了強大的資料操作能力。

4-3-2 變數的屬性

每種資料型態的變數都有其特定的屬性，例如數字型態變數有最大值和最小值的限制，文字型態變數則有長度限制。在設計自動化流程時，了解這些屬性可以幫助我們更精確地控制資料處理的過程。

4-3-3 資料型態的轉換

當流程中的資料型態不匹配時，我們需要進行型態轉換以確保資料能正確處理。Power Automate Desktop 提供了型態轉換的動作，讓我們能夠輕鬆地將資料從一種型態轉為另一種型態。

桌面流程範例 資料型態的轉換 .txt

假設我們有一個自動化流程，需要處理一個商品價格的變數，我們會先將這個變數加上一個數值，例如 500，再將這個相加後的結果進行資料型態轉換成文字，再將該文字減去指定的數值，最後再將這個文字資料型態轉換成數值型態。以下為桌面流程的操作流程：

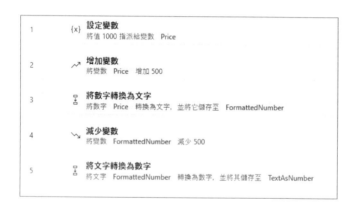

步驟說明：

 拖曳「變數 / 設定變數」動作，將變數名稱修改為「Price」，數值設為 1000。

2
STEP
拖曳「變數 / 增加變數」動作，將「變數名稱」欄位填入「%Price%」，「增加的量」欄位填入數值 500。

3
STEP
拖曳「文字 / 將數字轉換為文字」動作，將「將轉換的數字」欄位填入「%Price%」，「小數位數」欄位填入數值 0，會產生新的變數名稱「FormattedNumber」。

④ 拖曳「變數 / 減少變數」動作，將「變數名稱」欄位填入
STEP 「%FormattedNumber%」，「減少的量」欄位填入數值 500。

⑤ 拖曳「文字 / 將文字轉換為數字」動作，將「將轉換的文字」欄位填入
STEP 「%FormattedNumber%」，「小數位數」欄位填入數值 0，會產生新的變數名
稱「TextAsNumber」。

執行結果：

透過這個例子，我們可以看到資料型態轉換在自動化流程中的應用和重要性。在後續的章節中，我們會深入學習如何處理更複雜的資料型態和轉換，這對於處理各種自動化場景來說都是非常寶貴的技能。

4-4 初探運算式與運算子

在 Power Automate Desktop 中，運算式和運算子是處理資料和執行邏輯決策的基本工具。運算式可以用於執行從簡單的數學計算到複雜的字串操作和邏輯判斷。運算子則是構成運算式的元素，用於指示應該執行何種運算。

4-4-1 運算式的組成與用途

運算式是由運算子和運算元（變數、值或其他運算式）組成的結構，用於計算或評估出一個結果。例如，1 + 2 是一個由加法運算子和兩個整數運算元組成的運算式。在 Power Automate 中，我們可以使用運算式來計算數值、處理文字、建立布林邏輯等。

4-4-2 認識 Power Automate 運算子

Power Automate Desktop 支援多種運算子，這裡是一些使用這些運算子的例子：

算術運算子

- **加法實例**：計算兩個數字的總和，如 8 + 3 結果是 11。
- **減法實例**：從一個數字中減去另一個數字，如 10 - 5 結果是 5。
- **乘法實例**：兩個數字相乘，如 4 * 7 結果是 28。
- **除法實例**：一個數字除以另一個數字，如 20/4 結果是 5。

比較運算子

- **等於實例**：判斷兩個值是否相等，如 5 == 5 結果是 True。
- **不等於實例**：判斷兩個值是否不相等，如 5 != 3 結果是 True。
- **大於實例**：判斷左邊的值是否大於右邊的值，如 6 > 2 結果是 True。
- **小於實例**：判斷左邊的值是否小於右邊的值，如 2 < 6 結果是 True。

邏輯運算子

- **邏輯與實例**：當兩個條件都為 True 時，結果為 True，如 True && True 結果是 True。
- **邏輯或實例**：如果至少有一個條件為 True，結果為 True，如 True || False 結果是 True。
- **邏輯非實例**：將 True 變成 False，或將 False 變成 True，如 !False 結果是 True。

文字運算子

- **連接實例**：將兩個字串連接成一個字串，如 "Hello" & " " & "World" 結果是 "Hello World"。

這些運算子在自動化流程中非常有用，可以用來執行從簡單的資料操作到複雜的邏輯決策。在 Power Automate Desktop 的流程設計中，您可以透過這些運算子來設計條件語句，執行數學計算，處理字串資料，以及建立複雜的邏輯和算法。

這樣的功能使得 Power Automate Desktop 成為一個強大的工具，可以滿足各種自動化需求。

桌面流程範例 算術運算 .txt

假設我們有一個自動化流程，需要處理銷售商品的總額，再以「訊息方塊」顯示出經過算術運算得到的銷售總額。以下為桌面流程的操作流程：

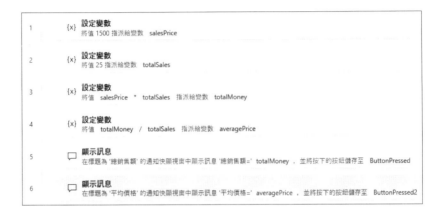

步驟說明：

 拖曳「變數 / 設定變數」動作設定初始變數，首先需要設定儲存銷售價格的變數，如 salesPrice（一個數字型變數），數值設為 1500。

2
STEP
拖曳「變數 / 設定變數」動作設定初始變數,設定儲存銷售數量的變數,如 totalSales(一個數字型變數),數值設為 25。

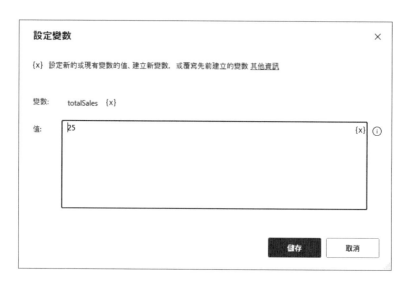

3
STEP
拖曳「變數 / 設定變數」動作設定 totalMoney 變數,數值設為 %salesPrice* totalSales%。

拖曳「變數 / 設定變數」動作設定 averagePrice 變數，數值設為 %totalMoney / totalSales%。

 拖曳「訊息方塊 / 顯示訊息」動作，使用「顯示訊息」動作來顯示計算出的總銷售額，請依下圖填入「訊息方塊標題」及「要顯示的訊息」。

6 拖曳「訊息方塊/顯示訊息」動作，使用「顯示訊息」動作來顯示計算出的
STEP 平均銷售價格，請依下圖填入「訊息方塊標題」及「要顯示的訊息」。

執行結果：

　請記得將桌面流程儲存起來，本範例執行後，各位可以在「變數」窗格看到右圖的流程變數：

透過以上步驟，我們可以看到運算式和運算子在資料處理中的實際應用。在後續章節中，我們將更深入地探討這些概念，並學習如何在各種自動化場景中靈活應用運算式和運算子。

4-5 條件動作

條件動作允許我們根據給定的條件來控制流程中的執行路徑。這是建立智慧型自動化流程的基礎，可以應對各種情況，做出相應的決策。

4-5-1 單選條件

單選條件，又稱為「If」條件，在只有一個判斷標準時使用。它根據條件是否滿足來決定是否執行特定的動作。

桌面流程範例 單選條件.txt

假設我們有一個自動化流程，需要判斷輸入成績是否及格，如果及格，再以「訊息方塊」成績及格的視窗。以下為桌面流程的操作流程：

步驟說明：

 拖曳「訊息 / 顯示輸入對話方塊」動作設定標題及方塊訊息，如下圖所示：

 拖曳「條件 /If」動作，當我們拖曳 If 動作到桌面流程後，在桌面流程就會自動新增一個 End 動作，接著編輯動作參數，請將「第一個運算元」，設定成要取得上一個對話方塊輸入的值，所以輸入「%UserInput%」，接著設定運算子及第二個運算元，如下圖所示：

③
STEP
將「訊息 / 顯示訊息」動作拖曳到 If 和 End 之間，會出現下圖的編輯動作參數的視窗，請分別設定標題及要顯示的訊息，完成動作編輯後記得要將動作流程儲存起來。

執行結果：

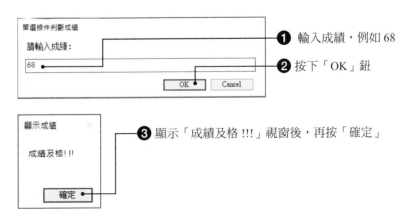

❶ 輸入成績，例如 68

❷ 按下「OK」鈕

❸ 顯示「成績及格 !!!」視窗後，再按「確定」

4-5-2　二選一條件

二選一條件，又稱為「If-Else」條件，在有兩個可能的執行路徑時使用。

桌面流程範例　**二選一條件.txt**

假設我們有一個自動化流程，需要判斷輸入成績是否及格，如果及格，再以「訊息方塊」秀出成績及格的視窗。如果不及格，再以「訊息方塊」秀出成績不及格的視窗。以下為桌面流程的操作流程：

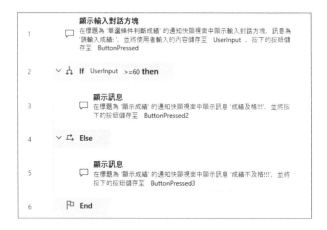

步驟說明：

STEP 1 拖曳「訊息 / 顯示輸入對話方塊」動作設定標題及方塊訊息，如右圖所示：

拖曳「條件 /If」動作，當我們拖曳 If 動作到桌面流程後，在桌面流程就會自動新增一個 End 動作，接著拖曳 Else 動作到 if 和 End 動作中間。並分別於 if 和 Else 及 Else 和 End 間插入「顯示訊息」對話方塊。這兩個顯示訊息的動作參數編輯視窗分別如下：

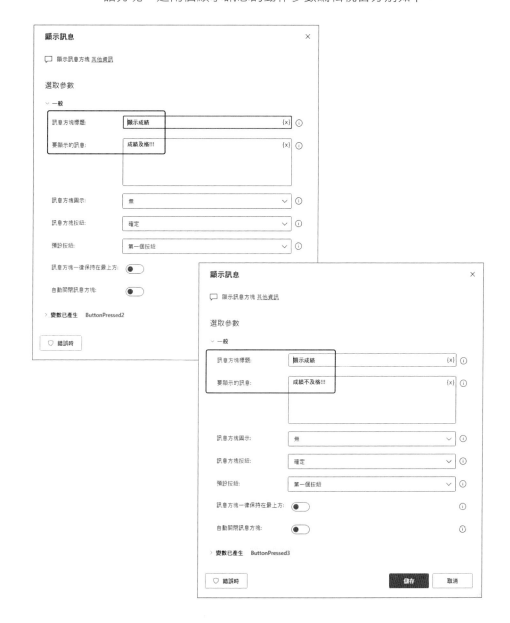

執行結果：

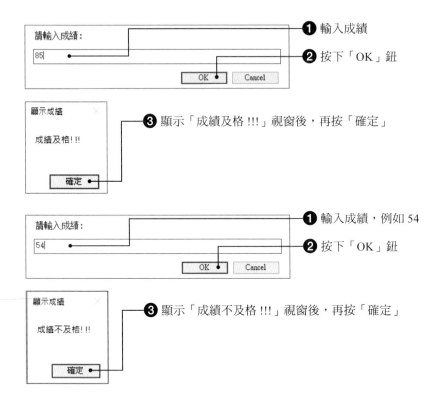

① 輸入成績

② 按下「OK」鈕

③ 顯示「成績及格!!!」視窗後，再按「確定」

① 輸入成績，例如 54

② 按下「OK」鈕

③ 顯示「成績不及格!!!」視窗後，再按「確定」

4-5-3 多選一條件

多選一條件，是在有多個條件判斷時使用，根據不同的條件執行不同的動作。

桌面流程範例 多選一條件.txt

假設我們有一個自動化流程，需要處理成績的評語，再以「訊息方塊」顯示出依輸入成績來顯示不同的評語。規則如下：

● 如果分數大於等於 80 分，則顯示評語「表現優秀!!!」。

● 如果分數大於等於 60 分，但小於 80 分，則顯示評語「表現還不錯!!!」。

● 如果分數小於 60 分，則顯示評語「有待加油!!!」。

以下為桌面流程的操作流程：

步驟說明：

1 STEP 拖曳「訊息 / 顯示輸入對話方塊」動作設定標題及方塊訊息，如下圖所示：

拖曳「條件 /If」動作，當我們拖曳 If 動作到桌面流程後，在桌面流程就會自動新增一個 End 動作，接著拖曳 Else if 動作到 if 和 End 動作中間，最後再拖曳 Else 動作到 Else if 動作和 End 動作中間。其 if 動作及 Else if 動作的參數編輯視窗設定如下：

If ✕

⎇ 標記動作區塊的開頭，該區塊會在符合此陳述式中指定的條件時執行 其他資訊

選取參數

第一個運算元:	%UserInput%	{x} ⓘ
運算子:	大於或等於 (>=)	⌄ ⓘ
第二個運算元:	80	{x} ⓘ

儲存　**取消**

Else if ✕

⎗ 標記動作區塊的開頭，該區塊會在不符合前面 'If' 陳述式中指定的條件，但符合此陳述式中指定的條件時執行 其他資訊

選取參數

第一個運算元:	%UserInput%	{x} ⓘ
運算子:	大於或等於 (>=)	⌄ ⓘ
第二個運算元:	60	{x} ⓘ

儲存　**取消**

並分別於 if、if Else 及 Else 間插入「顯示訊息」對話方塊。這三個顯示訊息的動作參數編輯視窗分別如下：

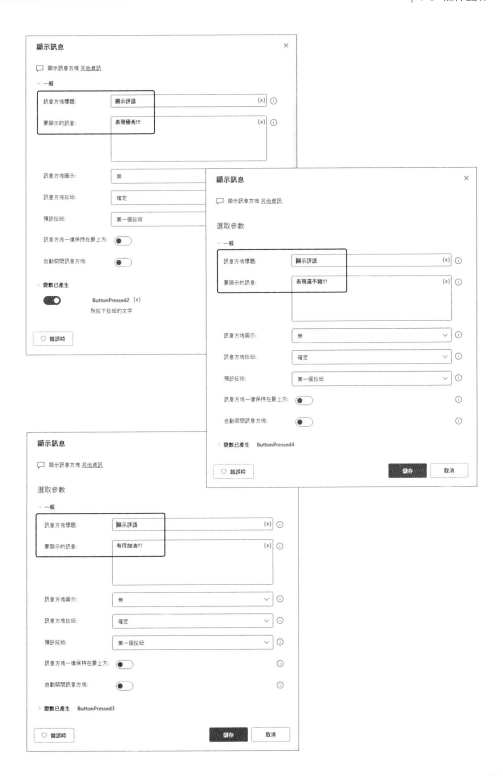

執行結果：

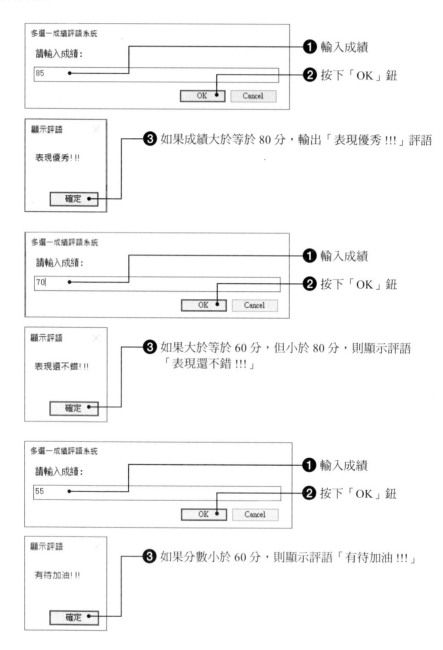

透過這些條件動作的應用，我們的自動化流程就能夠處理更多變化，並做出相應的邏輯決定。在接下來的章節中，我們將探討如何使用迴圈動作來批次處理大量資料。

4-6　計數迴圈動作

計數迴圈允許我們指定重複執行流程中某些動作的次數。這是處理固定次數重複任務的理想選擇，例如重複發送相同的電子郵件、批次處理文件等。

桌面流程範例　計數迴圈.txt

假設我們要建立一個新清單，這個清單的項目值取自迴圈的計數值，以下為桌面流程的操作流程：

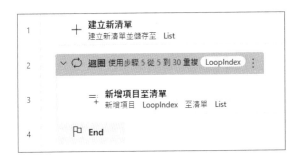

步驟說明：

1 STEP 拖曳「變數 / 建立新清單」動作，並指定這個清單的變數名稱為 List。

拖曳「迴圈／迴圈」動作至「建立新清單」動作的後面，會出現下圖的動作參數編輯視窗，這個視窗中我們設定「開始位置」為這個計數迴圈的起始值 5；「結束位置」為這個計數迴圈的終止值 30；「遞增量」為每次增加的數值，這個例子中我們設定值為 5，設定完畢後，再按下「儲存」鈕。這個迴圈動作會自動加上 End 動作。

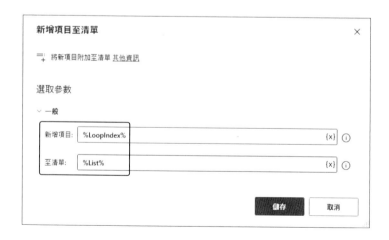

接著設定迴圈中重複執行的工作，我們打算把迴圈中的 LoopIndex 變數的值新增到清單中，這個時候就必須拖曳「變數／新增項目至清單」動作至「迴圈」和「End」動作之間，接著會出現下圖的動作參數編輯視窗，請依下圖所示輸入「新增項目」及「至清單」兩個欄位的變數值，再按「儲存」鈕。

一切設定工作完成後，記得將這個桌面動作流程存檔。

執行結果：

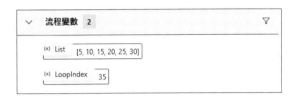

透過計數迴圈，我們可以確保執行的動作會重複固定的次數，這樣的自動化可以應用於許多日常辦公或資料處理的任務。

4-7 For each 走訪清單動作

「For Each」允許我們遍歷清單（List）中的每一個元素，對每個元素執行一系列動作。這在需要對一組項目進行個別處理時非常有用，例如遍歷客戶清單發送個性化郵件、批次大量處理圖像等。

桌面流程範例 走訪清單 .txt

延續上例，我們可以用走訪清單的方式，將上例所建立的清單中的每一個數值乘上 100 倍，再以「訊息方塊」來呈現最後結果。以下為桌面流程的操作流程：

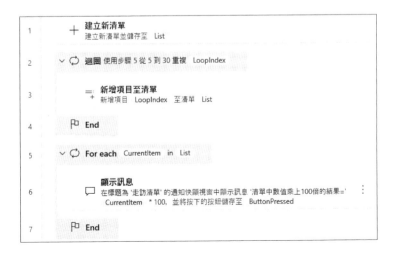

步驟說明：

 ～ 為上例的桌面動作流程，目前清單中有 6 個數值。

 拖曳「迴圈 /For each」動作至步驟 4「End」動作之後，它會自動新增 End 動作，並參考下圖編輯此動作的參數：

接著拖曳「訊息方塊 / 顯示訊息」動作至 For each 和 End 動作之間，並參考下圖編輯此動作的參數：

一切設定工作完成後，記得將這個桌面動作流程存檔。

執行結果：

會以迴圈的方式，連續出現 6 個數值，分別為 500、1000、1500、2000、2500、3000，每出現一個數值，請按下「確定」鈕。

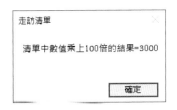

使用「For Each」進行清單走訪，可以大幅提高處理類似任務的效率，並確保每個元素都不會被遺漏。這種迴圈的應用場景非常廣泛，從檔案處理到資料分析等，都可以看到其身影。透過上述的例子和操作步驟，我們示範了如何在 Power Automate 中有效利用迴圈動作來處理重複性的任務。

4-8 為流程動作加上註解

在建立自動化流程時，良好的註解策略也是相當重要的。註解不僅能夠幫助你自己在未來回顧流程時快速理解每個動作的意圖，也能讓團隊成員或後來的維護人員輕鬆瞭解流程的運作方式。一個好的註解應該簡單明瞭，且直接指出動作的目的和任何重要的補充資訊。

桌面流程範例 走訪清單 (註解).txt

這個例子示範如何在桌面流程中加入註解，我們可以直接利用複製功能建立「走訪清單」的複本，並更名為「走訪清單 (註解)」。以下為桌面流程的操作流程：

步驟說明：

此例我們只針對步驟 2 進行說明，要為動作加入註解，請直接拖曳「流程控制 / 註解」動作至要加入註解的位置，例如這個例子將註解放置在「迴圈」動作之上，並參考下圖編輯此註解動作的參數，填上註解的說明文字後，記得按下「儲存」鈕。一切設定工作完成後，記得將這個桌面動作流程存檔。

透過以上步驟，我們可以新增註解增強了其可讀性和維護性。註解是文件化流程的關鍵部分，它們可以解釋複雜的邏輯、指出設定值的來源，或說明為什麼選擇特定的執行路徑。

4-9　流程動作的複製與刪除

在 Power Automate Desktop 中，流程管理是確保效率和整潔性的重要部分。熟悉如何複製和刪除動作可以幫助我們更快速地修改和優化自動化流程，特別是當我們需要重用某些動作或清除不必要的步驟時。

4-9-1　流程動作的複製

複製動作可以節省我們重建複雜動作的時間，尤其是當這個動作在流程中需要被重用多次時。

🖵 實際操作示範

假設我們有一個流程動作，用於在 Excel 文件中填寫資料，我們需要將這個動作應用到多個類似的文件中。

1. **選擇要複製的動作**：在流程設計介面中，找到需要被複製的動作。
2. **執行複製操作**：可以透過右鍵點擊該動作，選擇「複製」，或使用鍵盤快捷鍵 Ctrl+C 進行複製。
3. **選擇貼上位置**：在流程中選擇一個位置，通常是另一個類似操作的位置。
4. **執行貼上操作**：右鍵點擊選擇的位置，選擇「貼上」，或使用鍵盤快捷鍵 Ctrl+V 進行貼上。
5. **修改複製的動作**：根據需要調整複製的動作參數，以適應新的上下文。

4-9-2 流程動作的刪除

刪除動作則用於移除不再需要或錯誤的步驟，有助於保持流程的清晰和高效。

⊟ 實際操作示範

如果流程中有一步動作是過時的，或者在測試後發現不適用，我們需要將其刪除。

1. **選擇要刪除的動作**：在流程設計介面中，選擇那個不再需要的動作。
2. **執行刪除操作**：可以透過右鍵點擊該動作，選擇「刪除」，或使用鍵盤快捷鍵 Del 將其移除。
3. **確認刪除**：系統可能會詢問你是否確定要刪除，確認後該動作就會被移除。
4. **保存變更**：刪除動作後，記得保存流程，確保變更不會遺失。

透過複製和刪除操作，我們可以有效地管理流程元素，合理地利用這些功能，可以讓自動化流程的開發更加高效和靈活。

4-10 變更流程動作的順序

在 Power Automate Desktop 中，流程的順序調整是實現精確自動化的關鍵步驟。隨著業務需求的變化，我們可能需要重新安排動作的順序以適應新的流程邏輯。有效地管理動作順序，不僅能提升流程的效率，也能防止錯誤的發生。要變更流程動作的順序，作法如下：

1. **檢視現有流程**：打開 Power Automate Desktop，查看已建立的流程動作。
2. **選擇要移動的動作**：找到需要改變順序的動作。例如，我們需要先更新資料源再進行資料收集。
3. **變更動作順序**：可以透過拖曳方式來改變動作的順序。點擊要移動的動作，拖動到想要放置的新位置。
4. **檢查相依性**：在移動動作後，檢查是否有動作是依賴於先前順序的。如果有，確保進行適當的調整，以維持流程的邏輯性。
5. **測試流程**：在變更動作順序後，進行測試以確保所有動作依然按照預期運作。
6. **儲存變更**：確認流程按照新的順序正確無誤後，儲存這些變更。

在流程建立過程中，隨時可能會因為業務需求的變化而需要重新安排動作。了解如何在 Power Automate Desktop 中調整動作順序是非常重要的，它確保了我們能夠建立出靈活且可調整的自動化流程。

4-11 判讀錯誤訊息與警告資訊

在使用 Power Automate Desktop 進行流程自動化時，難免會遇到錯誤訊息或警告資訊。能夠正確解讀這些訊息對於快速定位問題並找出解決方案是非常關鍵的。一般來說，錯誤訊息會提供足夠的資訊，指出錯誤的性質、位置以及可能的解決方法。

假設我們建立了一個流程，用於從網頁抓取資料並將其保存到本地文件中，但在執行時遇到了錯誤。

1. **執行流程**：啟動流程並觀察過程中的錯誤提示。

2. **記錄錯誤訊息**：當錯誤出現時，詳細記錄錯誤訊息或截圖，這些資訊將幫助我們進行後續的分析。

3. **分析錯誤類型**：

   ● **語法錯誤**：通常是因為打錯字、使用了錯誤的命令或者格式不正確導致的。

   ● **執行錯誤**：在執行時發生的錯誤，如找不到文件、訪問被拒絕等。

   ● **邏輯錯誤**：流程的邏輯設計有誤，導致結果不符合預期。

4. **尋找錯誤來源**：根據錯誤訊息中提供的資訊，如行號、動作名稱或錯誤碼，定位到錯誤發生的位置。

5. **參考官方文件或社群**：查詢 Power Automate 的官方文件，看是否有相關的錯誤解釋和修正指南。或是在 Power Automate 社群或論壇發問，尋求其他使用者的幫助。

6. **嘗試解決錯誤**：

   ● 修正語法錯誤，確保所有命令和格式都是正確的。

   ● 確認所有文件路徑和許可權設定對於執行錯誤。

   ● 重新檢查流程邏輯，對於邏輯錯誤。

7. **測試修改**：在做了相應的修改後，重新執行流程，確認錯誤是否已經被解決。

8. **建立錯誤處理機制**：為流程增加錯誤捕捉和處理的動作，以便在未來能夠更優雅地處理類似錯誤。

透過以上步驟，我們可以學會如何分析和處理在 Power Automate Desktop 中出現的錯誤訊息。掌握這些技巧對於建立可靠的自動化流程非常重要，因為它們可以幫助我們減少故障時間並提高整體的工作效率。

4-12 流程控制的除錯技巧

在 Power Automate Desktop 中建立自動化流程時，除錯是一個非常重要的步驟，它可以幫助我們發現並修復流程中的問題，進而保證流程的穩定執行。一個良好的除錯過程能夠讓我們快速定位錯誤，並且理解錯誤發生的原因。以下列出幾個流程控制的除錯技巧：

1. **使用「除錯」視窗**：在 Power Automate Desktop 中，有一個專門的「除錯」視窗可以幫助我們逐步執行流程並檢視每個步驟的執行情況。

2. **設置斷點**：在可能出現問題的動作上設置斷點。斷點可以讓流程在達到該點時暫停，這樣我們就可以檢查在這一點上變數的狀態或是流程的輸出。

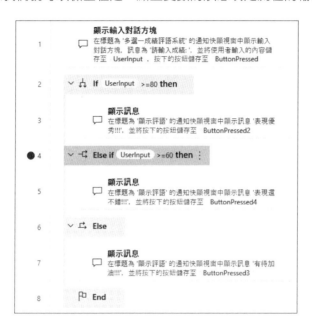

3. **逐步執行**：使用「逐步執行」功能來逐一執行流程中的動作。這樣可以幫助我們更清楚地看到流程的每一步是如何執行的，並且理解資料是如何在動作之間傳遞的。

4. **檢視變數和輸出**：在「變數」窗格中，我們可以看到所有變數的當前值。這對於檢查資料是否正確傳遞至下一步動作非常有幫助。

5. **處理錯誤**：當流程中出現錯誤時，先不要急於修改。試著理解為什麼會發生這個錯誤，錯誤發生的上下文是什麼，以及錯誤資訊中是否有指引我們如何解決問題的線索。

6. **修改和測試**：根據我們從除錯過程中獲得的資訊，進行必要的修改。修改後，再次執行流程並進行測試，以確保問題已被解決。

7. **循環反覆**：除錯是一個循環過程，我們可能需要多次重複上述步驟來修正不同的問題。

透過學習這些除錯技巧，你將能夠建立出既健壯又高效的自動化流程。了解如何在流程建立過程中進行有效的除錯，對於任何自動化專案都是不可或缺的。在未來的章節中，我們將以更多實例操作融入更多進階的流程控制策略，以及如何利用這些策略來建立更加複雜和強大的自動化流程。

第 **5** 章

檔案與資料夾自動化操作

在 數位化辦公室中，有效的檔案與資料夾管理是提升工作效率的重要一環。透過微軟 Power Automate，我們能夠將日常的文件管理工作自動化，因此省去大量的手動處理時間，專注於更具創造性與策略性的工作。本章將帶領讀者探索如何利用 Power Automate 執行檔案和資料夾的自動化操作，不論是簡單的文件複製、移動，還是更為複雜的批次處理和資料整合。

5-1 取得指定目錄的檔案與資料夾清單

要開始進行檔案管理的自動化，首先我們需要學會如何取得一個特定目錄下的所有檔案和資料夾清單。例如，假設我們正在管理一個銷售報告的資料夾，我們需要定期檢查新的報告是否已經被上傳到該目錄。我們可以設定一個 Power Automate 流程，在每天的特定時間執行，使用「取得資料夾中的檔案」動作來取得資料夾中的檔案清單，並檢查是否有新的文件加入。這個清單隨後可以用於觸發其他的流程，比如發送通知、生成摘要報告，或者將新報告移動到特定的處理資料夾中。

為了實施這個流程，我們首先在 Power Automate 中建立一個自動化的流程，設定其觸發條件，然後添加「取得資料夾中的檔案」動作。一旦設定完成，我們就可以對回傳的清單進行多種操作，例如使用「條件」動作來檢查文件的特定屬性，或者執行特定的處理。

在這個階段，理解如何解讀和應用回傳的檔案和資料夾屬性是非常關鍵的。這包括了熟悉檔案屬性的各種欄位，以及如何將這些資料用於後續的條件判斷或進一步的自動化處理。

在實際應用中，我們可能會遇到需要對這些文件執行更複雜操作的情況。例如，若某文件的大小超過了預定的數值，我們可能需要自動將其轉移至一個特定的儲存位置，或者當文件類型為特定格式時，我們需要觸發一個流程將其轉換成公司標準格式。透過 Power Automate 的豐富動作庫和靈活的流程設計，這些都可以輕鬆實現。

為了讓讀者更深入理解，我們將在本章後續的節中透過具體的案例，示範如何使用這些動作來建構一個完整的檔案處理流程。我們還將學習如何監控執行的流程，以及如何處理可能出現的異常情況。接下來的例子就來示範如何取得檔案與資料夾清單，

桌面流程範例　檔案與資料夾清單 .txt

這個例子是示範如何設定指定路徑的來源資料夾，並取出該資料夾內的所有資料夾及所有檔案清單。以下為桌面流程的操作流程：

1	{x}	**設定變數** 將值 'D:\PAexample\ch05\業績銷售表' 指派給變數　SourceFolder
2	📁	**取得資料夾中的子資料夾** 擷取符合 '*' 之資料夾　SourceFolder　中的子資料夾，並將其儲存至　Folders
3	📇	**取得資料夾中的檔案** 擷取符合 '*' 之資料夾　SourceFolder　中的檔案，並將其儲存至　Files

步驟說明：

① STEP 拖曳「變數／設定變數」動作，並依自己想查詢的路徑，於「值」欄位輸入 SourceFolder 變數的路徑。如下圖所示：

② STEP 點拖曳「資料夾／取得資料夾中的子資料夾」動作，接著編輯動作參數，其中「資料夾」欄位請設定目標路徑的變數名稱，「資料夾篩選」欄位是用來輸入過濾條件，下圖中輸入「＊」符號表示取出所有資料夾。如下圖所示：

③ STEP 拖曳「資料夾／取得資料夾中的檔案」動作，接著編輯動作參數，其中「資料夾」欄位請設定目標路徑的變數名稱，「資料夾篩選」欄位是用來輸入過濾條件，下圖中輸入「＊」符號表示取出所有檔案。如下圖所示：

執行結果:

執行前請先記得將桌面流程儲存起來,本範例執行後,各位可以在「變數」窗格看到流程變數,其中變數「Files」是記錄所取得檔案的清單;而變數「Folders」是記錄所取得資料夾的清單。

如果要查看各變數的清單項目,只要雙擊該變數名稱即可,下圖為這個指定路徑的所有資料夾明細。

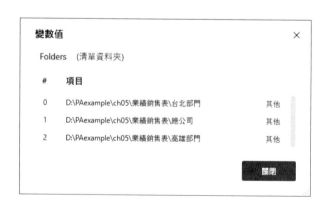

下圖為這個指定路徑的所有檔案明細。

5-2 檔案重新命名並移動到新建資料夾

當我們談論數位化辦公室的效率時，檔案管理是個不可或缺的環節。而在微軟 Power Automate 中，這一切都可以被自動化。以下將示範如何一步步進行新建資料夾、重新命名檔案、以及將檔案移動到新建資料夾的操作。

桌面流程範例 檔案重新命名並移動到新建資料夾 .txt

這個例子是示範如何在桌面流程進行檔案重新命名並移動檔案到新建資料夾等相關動作。我們希望將下圖中的「training.xlsx」所在位置，新增一個「在職訓練」資料夾，再將這個檔案移動到這個新建的資料夾，並將檔案更名為「成績.xlsx」。

以下為桌面流程的操作流程：

1	建立資料夾
	將資料夾 '在職訓練' 建立至 'D:\PAexample\ch05\移動檔案與更名'
2	移動檔案
	將檔案 'D:\PAexample\ch05\移動檔案與更名\training.xlsx' 移動至　NewFolder　並儲存至清單　MovedFiles
3	重新命名檔案
	將檔案　MovedFiles [0] 重新命名為 '成績'，並儲存至清單　RenamedFiles

步驟說明：

1 STEP 打開 Power Automate，選擇「我的流程」，然後點擊「新流程」按鈕來建立一個新的自動化流程。拖曳「資料夾 / 建立資料夾」動作，並修改成自己想建立資料夾的路徑，於「新資料夾名稱」欄位輸入新建的資料夾名稱。如下圖中的「在職訓練」資料夾：

建立資料夾 ✕

╋ 建立新資料夾 其他資訊

選取參數

∨ 一般

建立新資料夾於：　D:\PAexample\ch05\移動檔案與更名　📁 {x} ⓘ

新資料夾名稱：　在職訓練　{x} ⓘ

〉 變數已產生　NewFolder

♡ 錯誤時　　　　　　　　　　　　儲存　　取消

2 STEP 拖曳「檔案 / 移動檔案」動作，接著編輯動作參數，其中「要移動的檔案」欄位請設定要搬移檔案路徑資料，「目的資料夾」欄位輸入新資料夾「%NewFolder%」變數。如下圖所示：

3 拖曳「檔案/重新命名檔案」動作,接著編輯動作參數,其中「要重新命名
STEP 的檔案」欄位請設定要變更檔案的名稱,下圖中的「%MovedFiles[0]%」代
表只移動 1 個檔案。其它各欄位的設定資訊,如下圖所示:

執行結果：

請先記得將桌面流程儲存起來。本範例執行後，各位可以看到在目標路徑中新增了一個資料夾，且移動到該新資料夾的檔案，也被重新命名為「成績.xlsx」。如下圖所示：

透過上述步驟，我們不僅建立了新的資料夾，還移動並重新命名了檔案，這樣一來，文件管理就更加有序，也更容易找到特定的文件。這僅僅是一個簡單的例子，但在 Power Automate 中，您可以建立更複雜的流程來滿足各種文件管理的需求。在應用這些步驟時，還可以考慮檔案類型、檔案大小等因素，進行更細緻的管理。例如，您可以設定流程只處理超過特定大小的 PDF 文件，或者只針對特定副檔名的文件進行重命名。

這些自動化的流程不僅提高了工作效率，也確保了檔案管理的一致性，減少了人為錯誤的機會。透過 Power Automate 的自動化，您可以將更多時間投入到需要深思熟慮的工作上，如策略規劃和創新思考。

5-3 檔案複製與刪除

在 Power Automate 的世界裡，檔案的複製與刪除是最基本也是最經常使用的操作之一。透過自動化這些流程，我們可以節省寶貴的時間，減少重複且枯燥的工作負擔。以下是如何在 Power Automate 中實施檔案複製與刪除操作範例。

桌面流程範例 檔案複製與刪除 .txt

這個例子是示範如何在桌面流程進行檔案複製到指定資料夾。我們希望將下圖中的「分數.xlsx」所在位置，複製該檔案到「檔案複製與刪除」資料夾，完成複製工作後，再將原檔案刪除。下圖為「分數.xlsx」所在位置示意圖：

以下為桌面流程的操作流程：

步驟說明：

1
STEP 打開 Power Automate，選擇「我的流程」，然後點擊「＋新流程」按鈕來建立一個新的自動化流程。拖曳「變數 / 設定變數」動作，並於「值」欄設定變數 SourcePath 原始路徑。如下圖所示：

2
STEP 拖曳「檔案 / 複製檔案」動作，接著編輯動作參數，並依下圖所示填入「要複製的檔案」及「目的資料夾」。如下圖所示：

3
STEP 點選「檔案 / 刪除檔案」動作，接著編輯動作參數，其中「要刪除的檔案」欄位請設定要刪除檔案的路徑及檔案，如下圖所示：

執行結果：

執行前請先記得將桌面流程儲存起來。本範例執行後，各位可以看到在目標路徑中複製了一個檔案。如下圖所示：

而原先位置的檔案也被刪除了。

透過這些步驟，我們可以確保重要的文件被備份，同時去除不再需要的文件，保持檔案系統的整潔和有序。進一步地，我們可以將複製和刪除操作結合起來，建立一個流程，在備份重要文件後刪除原始文件，以釋放儲存空間。這些自動化的流程不僅提高了工作效率，還減少了因手動操作導致的錯誤。

請記得，在實際的操作環境中，這些自動化流程需要定期檢查和維護，以適應組織中文件管理策略的變化，並確保一切運作正常。透過 Power Automate，我們可以輕鬆應對這些挑戰，實現更具人工智慧高效的文件管理。

5-4 批次作業與檔案壓縮 / 解壓縮

在數位化辦公的環境下，批次處理檔案作業常常是必要的，特別是當涉及到需要處理大量檔案的情況。Power Automate 提供了一系列的功能來輕鬆完成這些任務。以下將詳細介紹如何使用 Power Automate 來進行檔案批次更名、移動、壓縮和解壓縮。

5-4-1 批次更名與移動

進行批次更名與移動時，我們可以按照以下步驟操作：

桌面流程範例 批次更名與移動 .txt

這個例子是示範如何設定指定路徑的來源資料夾，並複製該資料夾內所有 Excel 檔案到另外一個名稱為「批次更名後」資料夾，並在每一個檔案後面加上「new」文字。下圖為尚未更名前的原始資料夾檔案明細：

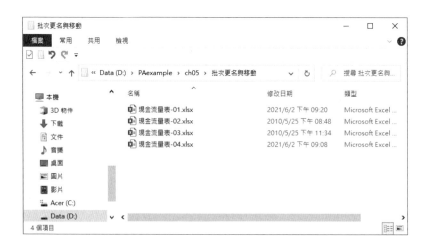

以下為桌面流程的操作流程：

步驟說明：

1 STEP 拖曳「變數 / 設定變數」動作，並依自己想查詢的路徑，於「值」欄位輸入 SourcePath 變數的路徑。如下圖所示：

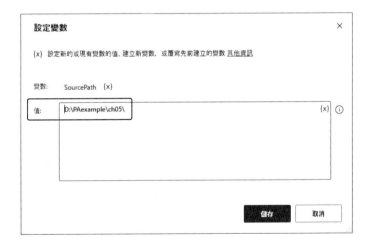

2
STEP 拖曳「資料夾 / 建立資料夾」動作,接著編輯動作參數,其中「建立資料夾於」欄位請設定要建立資料夾的路徑,「新資料夾名稱」欄位請輸入「批次更名後」。如下圖所示:

3
STEP 拖曳「資料夾 / 取得資料夾中的檔案」動作,接著編輯動作參數,其中「資料夾」欄位請設定目標路徑的變數名稱,「檔案篩選」欄位是用來輸入過濾條件,下圖中輸入「*」符號表示取出所有檔案。如下圖所示:

④ 拖曳「檔案 / 複製檔案」動作，接著編輯動作參數，並進行相關欄位的設
定。如下圖所示：

⑤ ~ ⑥ 以「迴圈 /For each 迴圈」動作走訪「CopiedFiles」清單，並取出
每一個 CurrentItem 項目變數後，在步驟 6 加入「檔案 / 重新命名檔
案」動作，參數設定如下：

執行結果：

　　請記得將桌面流程儲存起來，本範例執行後，就可以看到在新增的資料夾已複製了檔案，而且檔名後面都加上了「new」文字。如下圖所示：

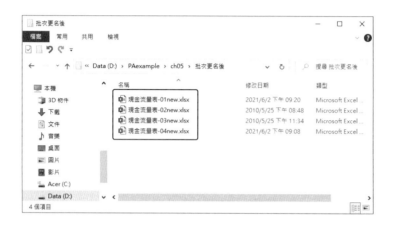

5-4-2　檔案壓縮與解壓縮

　　檔案壓縮的意義在於減少文件所佔用的儲存空間，使其更容易儲存和傳輸。壓縮檔案通常會移除冗餘資料，並使用演算法將資料以更緊湊的形式儲存。這在傳送大量資料或有限的儲存空間時特別有用。另一方面，檔案解壓縮則是將壓縮的檔案恢復至原始狀態，使其可以被正常讀取和使用。這個過程對於接收壓縮檔案並需要使用其內容的情況中非常重要。若要進行壓縮特定資料夾及解壓縮指定的壓縮檔，可以依照以下步驟：

桌面流程範例　檔案壓縮與解壓縮 .txt

　　這個例子是示範如何設定壓縮特定資料夾及解壓縮指定的壓縮檔。以下為桌面流程的操作流程：

步驟說明：

1 拖曳「壓縮 /ZIP 檔案」動作，依下圖選擇封存的路徑及指定要壓縮的資料
STEP 夾（或檔案），下圖中也可以設定密碼。如下圖所示：

2 拖曳「壓縮 / 解壓縮檔案」動作，接著編輯動作參數，其中「封存路徑」欄
STEP 位設定壓縮檔的路徑及檔案，「目的地資料夾」欄位是用來存放解壓縮後資
料夾或檔案的儲存位置，如下圖所示：

執行結果：

　　請先記得將桌面流程儲存起來，本範例執行後，各位可以在 ch05 資料夾看到一個壓縮檔「sales.zip」，因為本範例桌面流程也一併示範了如何解壓縮，因此在指定路徑的「解壓縮結果」資料夾內也可以看到解壓後的「業績銷售表」資料夾，如下圖所示：

5-5　文字檔案的讀取與寫入

　　在 Power Automate 的應用場景中，對文字檔案的讀取與寫入是日常自動化工作的基礎。這些操作可以幫助使用者自動化處理日誌檔案、生成報告、更新配置文件等多種工作任務。以下將介紹如何使用 Power Automate 來執行文字檔案的讀取與寫入。

桌面流程範例 文字檔案寫入與讀取 .txt

　　讀取文字檔案的操作可以讓我們取得檔案內容，進而進行分析或作為其他動作的寫入。以下為桌面流程的操作流程：

步驟說明：

1 STEP 拖曳「變數 / 設定變數」動作，並依自己想查詢的路徑，於「值」欄位輸入 location 變數的路徑。如下圖所示：

2 STEP 拖曳「檔案 / 將文字寫入檔案」動作，接著編輯動作參數，其中「檔案路徑」欄位請設定檔案路徑的變數名稱，「要寫入的文字」欄位是輸入要寫入檔案的文字。如下圖所示：

③
STEP 點選「資料夾 / 從檔案讀取文字」動作，接著編輯動作參數，其中「檔案路徑」欄位請設定檔案路徑的變數名稱；「將內容儲存為」欄位是用來讀取單一文字或清單；「編碼」欄位請設為「UTF-8」。如下圖所示：

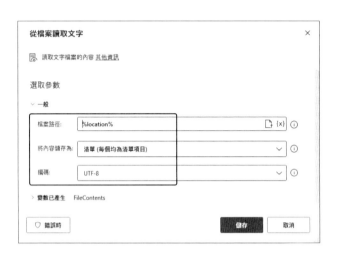

這裡設定的 UTF-8 是一種萬國碼的編碼格式，它能夠用 1 到 4 個位元組來表示每個字元，因此既可以處理傳統的 ASCII 字元（只需 1 個位元組），也能處理更多種類的字元，包括各國文字和符號。這種編碼方式因其靈活性和高度的兼容性，在網際網路和許多電腦應用程式中非常受歡迎。UTF-8 讓不同語言的文字和符號可以在同一文件中共存，並能夠在不同的系統間順利轉換和顯示。

執行結果：

請先記得將桌面流程儲存起來，本範例執行後，各位可以在「變數」窗格看到流程變數，其中變數「FileContents」是記錄所讀取文字檔案，並以清單的方式來加以紀錄。如右圖所示：

以上操作可以根據實際需要進行調整,例如加入條件判斷、迴圈處理等複雜的邏輯。透過這些基礎的讀寫操作,我們可以建構起強大的自動化工作流程,提高日常工作的效率與準確性。

5-6 取得檔案路徑資訊

在 Power Automate 中獲取檔案的路徑資訊是很多自動化流程的重要一環,它能夠幫助我們確定檔案的準確位置,進而進行各種檔案操作。這個部分將會介紹如何在 Power Automate 中獲取檔案的完整路徑、檔案名稱、以及檔案所在的資料夾路徑。

在 Power Automate 的「資料夾 / 取得特殊資料夾」動作可以擷取 Windows 特殊資料夾的路徑,這些可以擷取的特殊資料夾包括:程式、個人、我的最愛、啟動、最近、傳送至、開始功能表、音樂、桌面、範本、應用程式資料、本機應用程式資料、網際網路快取、Cookie、歷程記錄、通用應用程式資料、系統、程式檔案、圖片、通用程式檔案等。接著就來示範如何利用這個動作來取得檔案路徑的一些相關資訊。

桌面流程範例 取得檔案路徑與檔名 .txt

這個例子是示範如何建立一個桌面流程,並透過「資料夾 / 取得特殊資料夾」動作來取得檔案路徑的相關資訊。這裡要示範的特殊資料夾是「桌面」,所以請先將本章範例檔 ch05 資料夾中的「分數.xlsx」檔案複製到使用者電腦的「桌面」。以下為桌面流程的操作流程:

| 1 | ☆ | **取得特殊資料夾**
取得資料夾 桌面 的路徑,並將其儲存至 SpecialFolderPath |
| 2 | | **取得檔案路徑部分**
取得任何根路徑,並將根路徑儲存至 RootPath,將目錄儲存至 Directory,將檔案名稱儲存至 FileName,將不含副檔名的檔案名稱儲存至 FileNameNoExtension,將副檔名儲存至 FileExtension |

步驟說明：

1
STEP 拖曳「資料夾 / 取得特殊資料夾」動作，並在「特殊資料夾名稱」設定為「桌面」，且會產生「SpecialFolderPath」變數，如下圖所示：

2
STEP 拖曳「檔案 / 取得檔案路徑部分」動作，接著編輯動作參數，其中「檔案路徑」欄位請設定來源的檔案路徑，同時會產生如下圖所示的 5 個變數：

執行結果：

　記得將桌面流程儲存起來，本範例執行後，各位可以在「變數」窗格看到流程變數，其中根路徑儲存至 RootPath，根目錄儲存至 Directory，檔案名稱儲存至 FileName，將不含副檔名的檔案名稱儲存至 FileNameNoExtension，副檔名儲存至 FileExtension。

透過這些步驟，您將能夠有效地獲取和利用檔案路徑的資訊，進而打造出強大的自動化流程。

5-7 檔案快速分類整理

在現今的辦公環境中，檔案的快速分類整理對於提升工作效率相當有幫助，以下將介紹如何利用 Power Automate 進行檔案的快速分類和整理。假設我們需要對一個包含多種類型文件的資料夾進行整理，將不同類型的文件自動複製到指定名稱的資料夾中。其操作步驟請參考底下範例：

桌面流程範例 檔案快速分類整理 .txt

這個例子是示範如何利用 Power Automate 進行不同檔案副檔名的快速分類和整理。以下為桌面流程的操作流程：

步驟說明：

 拖曳「資料夾 / 取得資料夾中的檔案」動作，從指定資料夾中獲取所有 .txt
檔案。設定資料夾路徑為 D:\PAexample\ch05，檔案篩選為 *.txt，不包含子
資料夾。

 拖曳「檔案 / 複製檔案」動作，複製獲取的 .txt 檔案到指定目的地。將檔案
複製到「D:\PAexample\ch05\txt」資料夾，若檔案已存在則覆蓋。

3 拖曳「資料夾 / 取得資料夾中的檔案」動作,從同一資料夾中獲取所有 .xlsx
STEP 和 .xls 檔案。設定檔案篩選為 *.xlsx;*.xls,其餘設定同步驟 1。

4 拖曳「檔案 / 複製檔案」動作,複製獲取的試算表檔案到指定目的地。
STEP 操作:將檔案複製到「D:\PAexample\ch05\ 試算表」資料夾,若檔案已存在
則覆蓋。

5
STEP

拖曳「資料夾 / 取得資料夾中的檔案」動作，從同一資料夾中獲取所有 .zip 檔案。設定檔案篩選為 *.zip，其餘設定同步驟 1。

6
STEP

拖曳「檔案 / 複製檔案」動作，複製獲取的壓縮檔案到指定目的地。將檔案複製到「D:\PAexample\ch05\ 壓縮檔」資料夾，若檔案已存在則覆蓋。

執行結果：

下列三圖為分類整理好的三個資料夾內容：

透過這樣的設定，Power Automate 可以自動地將檔案根據類型分類到不同的子資料夾中，這樣一來就不需要手動逐一進行檔案分類，大大節省了時間和精力。

5-8　日期 / 時間自動化處理動作

在 Power Automate 中處理日期和時間是自動化工作流中的一個關鍵環節，尤其是在需要對檔案進行版本控制或者時間戳記的場合。以下將介紹如何在 Power Automate 中自動化處理日期和時間資訊。在 Power Automate 中，處理日期和時間的功能歸類在「日期時間」類別下。這包括了三種核心操作：「加入至日期時間」、「減去日期」及「取得目前日期與時間」。在此章節中，我們將詳細講解如何捕捉和顯示目前時刻，並將示範如何利用自動化過程計算兩個日期之間的時間差。例如，我們可能會學習如何自動追蹤任務完成的時間，或者在項目截止日期之前提醒團隊成員。這不僅僅是關於技術操作的教學，更是關於如何將這些工具應用於提高日常工作效率的參考指南。如下圖所示：

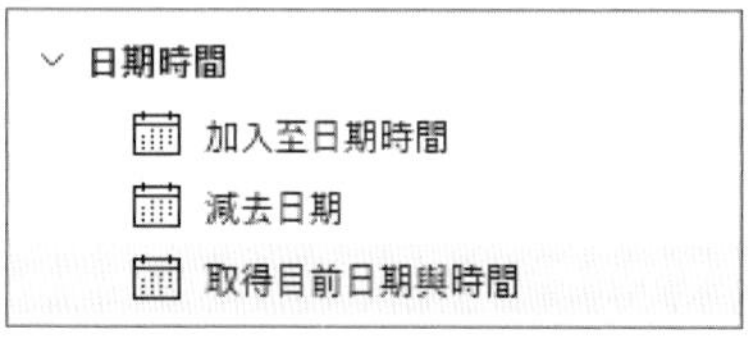

```
∨ 日期時間
    🗓 加入至日期時間
    🗓 減去日期
    🗓 取得目前日期與時間
```

本單元我們將示範如何取得和顯示目前的日期與時間，同時也會一併示範如何自動化來取得兩個日期的時間差。

5-8-1　以指定格式顯示目前的日期與時間

在這一小節中，我們將探討如何使用 Power Automate 來實現一個常見且實用的功能：以指定格式顯示目前的日期與時間。無論是在日常工作報告中，還是在自動化流程記錄中，正確且格式化的時間戳記都扮演著關鍵角色。我們將學習如何利用 Power Automate 的內建功能，輕鬆地獲取當前的日期和時間，並根據需求調整其格式。這不僅增強了報告的專業性，也為資料分析與追蹤提供了便利。透過本節的學習，您將能夠靈活運用日期和時間在您的自動化方案中，無論是簡單的日誌記錄還是複雜的時間管理，都能如魚得水。

桌面流程範例 取得目前日期與時間 .txt

這個例子是示範如何取得目前的日期與時間，並以各種不同格式來加以顯現。

以下為桌面流程的操作流程：

步驟說明：

1 STEP 拖曳「日期時間 / 取得目前日期與時間」動作，並設定自己想查詢的時區（例如系統時區），這個動作設定會自動產生 CurrentDateTime 變數。如下圖所示：

拖曳「文字／將日期時間轉換為文字」動作，接著編輯動作參數，其中「要轉換的日期時間」欄位請設定要轉換為文字的日期時間值；「要使用的格式」欄位可以讓你選擇標準的日期時間格式或自訂格式，此處我們設定「標準」；「標準格式」欄位可以讓你選擇各種不同選項的標準的日期時間格式，此處我們設定「簡短日期」。如下圖所示：

拖曳「文字／將日期時間轉換為文字」動作，接著編輯動作參數，其中「要轉換的日期時間」欄位請設定要轉換為文字的日期時間值；「要使用的格式」欄位可以讓你選擇標準的日期時間格式或自訂格式，此處我們設定「標準」；「標準格式」欄位可以讓你選擇各種不同選項的標準的日期時間格式，此處我們設定「完整日期」。如下圖所示：

4 拖曳「文字／將日期時間轉換為文字」動作,接著編輯動作參數,其中「要
STEP 轉換的日期時間」欄位請設定要轉換為文字的日期時間值;「要使用的格
式」欄位可以讓你選擇標準的日期時間格式或自訂格式,此處我們設定「標
準」;「標準格式」欄位可以讓你選擇各種不同選項的標準的日期時間格式,
此處我們設定「完整日期時間(簡短時間)」。如下圖所示:

5 拖曳「文字／將日期時間轉換為文字」動作,接著編輯動作參數,其中「要
STEP 轉換的日期時間」欄位請設定要轉換為文字的日期時間值;「要使用的格
式」欄位可以讓你選擇標準的日期時間格式或自訂格式,此處我們設定「自
訂」;「自訂格式」欄位可以讓你用來顯示日期時間值的自訂格式,其中日期
可以表示成 MM/dd/yyyy;時間可以表示成 hh:mm:sstt。此處我們設定的自
訂格式為「西元 yyyy-MM-dd 年」,如下圖所示:

執行結果：

請記得將桌面流程儲存起來，本範例執行後，各位可以在「變數」窗格看到 5 個流程變數，如下圖所示：

5-8-2 自動化來取得兩個日期的時間差

我們再來看另外一個例子，下面的例子將為各位示範如何自動化來取得兩個日期的時間差。在這一小節中，我們將探討如何利用 Power Automate 自動化計算兩個日期之間的時間差。這是一項極其實用的功能，尤其在處理項目期限、事件規劃或時間敏感的任務時尤為重要。我們將學習如何設定並應用 Power Automate 的

日期和時間功能，因此有效地計算出起始日期與結束日期之間的差異。這不僅提高了工作效率，也為精確的時間管理提供了有力工具。透過本節的學習，您將能夠在各種情境下快速且準確地處理時間相關的計算問題。

桌面流程範例 取得兩個日期的時間差 .txt

這個例子是示範如何取得目前的日期與時間，並以各種不同格式來加以顯現。

以下為桌面流程的操作流程：

步驟說明：

1 STEP 拖曳「日期時間 / 取得目前日期與時間」動作，並設定自己想查詢的時區（例如系統時區），這個動作設定會自動產生 CurrentDateTime 變數。如下圖所示：

2
STEP 拖曳「日期時間 / 加入至日期時間」動作，接著編輯動作參數，其中「日期時間」欄位請設定要變更日期時間值；「加」欄位可以設定要加入的時間值，如果設定為負數，例如 -100，表示往前減掉 100 天，此處我們設定「100」；「時間單位」欄位可以讓你選擇各種不同的時間單位，可以設定的值包括秒、分鐘、小時、天、月份、年，此處我們設定「天」。如下圖所示：

3
STEP 拖曳「日期時間 / 減去時間」動作，接著編輯動作參數，其中「開始時間」欄位請設定要減去的第一個日期時間，此處設定「%DueDateTime%」；「減去日期」欄位可以讓你設定要減去的日期時間，此處設定「%CurrentDateTime%」；「取得差異」欄位是用來表示差異的時間單位，此處我們設定「天」。這個動作設定會自動產生 TimeDifference 變數。如下圖所示：

4 拖曳「文字 / 將日期時間轉換為文字」動作,接著編輯動作參數,其中
STEP 「要轉換的日期時間」欄位請設定要轉換為文字的日期時間值,此處設定
「%CurrentDateTime%」;「要使用的格式」欄位可以讓你選擇標準的日期時
間格式或自訂格式,此處我們設定「標準」;「標準格式」欄位可以讓你選擇
各種不同選項的標準的日期時間格式,此處我們設定「完整日期」。如下圖
所示:

5 拖曳「文字 / 將日期時間轉換為文字」動作,接著編輯動作參數,其中
STEP 「要轉換的日期時間」欄位請設定要轉換為文字的日期時間值,此處設定
「%DueDateTime%」;「要使用的格式」欄位可以讓你選擇標準的日期時間
格式或自訂格式,此處我們設定「標準」;「標準格式」欄位可以讓你選擇各
種不同選項的標準的日期時間格式,此處我們設定「完整日期」。如下圖所
示:

執行結果：

　　請記得將桌面流程儲存起來，本範例執行後，各位可以在「變數」窗格看到 4 個流程變數，如下圖所示：

　　這些日期和時間處理的操作能夠幫助我們實現諸如檔案的自動歸檔、過期檔案的清理等自動化需求，有效提升工作效率並減少人工錯誤。

第**6**章

自動化操作 Excel 工作表

在資料導向的商業環境裡，Excel 的應用範圍極為廣泛，從基本的資料整理到複雜的分析報告，都離不開這個強大的工具。而微軟 Power Automate 為我們提供了一系列自動化 Excel 操作的動作，使得這些日常工作更為便捷和高效。以下將介紹如何利用 Power Automate 來進行 Excel 工作表的自動化操作。

6-1 認識 Power Automate「Excel」分類的動作

在 Power Automate 中，「Excel」分類的動作提供多種與 Excel 工作表相關的自動化功能。例如：

- 讀取 Excel 工作表：自動提取 Excel 檔案中特定工作表的資料。
- 寫入 Excel 工作表：將資料寫進特定的 Excel 工作表。
- 加入新的工作表：在 Excel 檔案中加入新的工作表。
- 將列插入 Excel 工作表：在工作表中新增新的資料列。
- 刪除 Excel 工作表的列：移除工作表中的特定列。

下圖是 Power Automate「Excel」分類的所有動作功能：

這些功能顯著提升了處理 Excel 檔案的效率，實現了資料處理的自動化。

6-2　自動建立 Excel 檔案

在許多辦公室及商業場合中，我們經常需要從各種資料來源自動建立 Excel 檔案。利用 Power Automate，這一過程可以大大簡化，提升工作效率。以下是如何使用 Power Automate 自動建立 Excel 檔案的具體步驟示範。

6-2-1 用資料表建立 Excel 檔案

首先,我們將從資料表開始。Power Automate 的動作流程可以幫助各位建立 DataTable 物件,再利用其它動作將 DataTable 物件的資料寫入到指定檔名的 Excel 檔案。

桌面流程範例 用資料表建立 Excel 檔案 .txt

這個例子是示範用資料表建立 Excel 檔案,並以另一個不同的 Excel 檔名儲存起來。以下為桌面流程的操作流程:

步驟說明:

1 STEP 拖曳「變數 / 資料表 / 建立新資料表」動作,可以讓各位建立 DataTable 物件,並會自動產生 DataTable 的變數名稱。例如圖我們設定的資料表是「6 列 , 4 欄」:

當按下「新增資料表」右側的「編輯」鈕就可以開啟「編輯資料表」視窗，其中右上方的 + 號是用來增加欄；左下方的 + 號是用來增加列。當各位編輯好資料表內容後，記得按下「儲存」鈕。

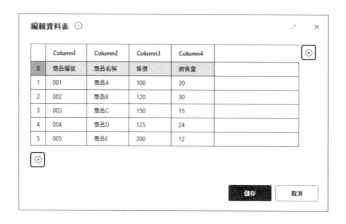

② **STEP** 拖曳「Excel / 啟動 Excel」動作，接著編輯動作參數，其中「啟動 Excel」欄位請設定要開啟新的 Excel 檔或開啟現有的 Excel 檔；「文件路徑」欄位可以讓你設定要開啟 Excel 檔的完整路徑。如下圖所示：

③
STEP
拖曳「Excel/寫入 Excel 工作表」動作，接著編輯動作參數，其中「Excel 執行個體」欄位請設定要執行的個體，這一個個體必須在「啟動 Excel」動作中設定；「要寫入的值」欄位輸入要插入的文字、數字或變數，此處我們設定「%DataTable%」；「寫入模式」欄位元可以讓你選擇各種不同寫入模式，此處我們設定「於指定的儲存格」，並設定從儲存格「A1」開始寫入。如下圖所示：

④
STEP
拖曳「Excel/關閉 Excel」動作，接著編輯動作參數，其中「在關閉 Excel 之前」欄位設定為「另存文件為」；並設定好檔案格式及文件路徑。如下圖所示：

執行結果：

請記得將桌面流程儲存起來，本範例
執行後，各位可以在「變數」窗格看到
右圖的流程變數：

接著執行桌面流程，之後就可以檢查
「D:\PAexample\ch06」資料夾以確認
Excel 檔案已被成功建立。右圖為用資
料表建立 Excel 檔案的工作表內容：（庫
存統計 ok.xlsx）

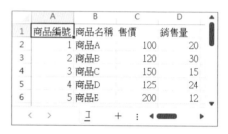

6-2-2 用 CSV 檔案建立 Excel 檔案

CSV 檔案（逗號分隔值）是一種簡易的檔案格式，用來儲存如試算表或資料
庫的表格資料。每一行代表資料表中的一列，而列中的資料則透過逗號來分隔。
CSV 格式因其簡潔和易於讀寫的特性，在資料匯出、匯入以及跨平臺資料交換上
得到廣泛應用。大多數試算表軟體，像是 Microsoft Excel 和 Google Sheets，都可
以輕易地處理 CSV 檔案。接著，我們將探討如何將 CSV 檔案轉換為 Excel 檔案。

桌面流程範例 用 CSV 檔案建立 Excel 檔案 .txt

這個例子是示範用 CSV 檔案建立 Excel 檔案，並以另一個不同的 Excel 檔名儲
存起來。下圖為 CSV 檔案的原始資料內容：

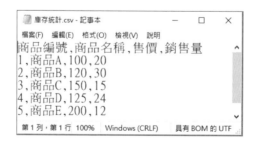

以下為桌面流程的操作流程：

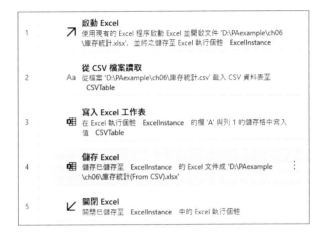

步驟說明：

1
STEP
拖曳「Excel/ 啟動 Excel」動作，接著編輯動作參數，其中「啟動 Excel」
欄位請設定要開啟新的 Excel 檔或開啟現有的 Excel 檔；「文件路徑」欄位
可以讓你設定要開啟 Excel 檔的完整路徑。如下圖所示：

2
STEP
拖曳「Excel/ 從 CSV 檔案讀取」動作,接著編輯動作參數,其中「檔案路徑」欄位可以讓你設定要開啟 CSV 檔的完整路徑,這個動作會產生「CSVTable」變數。如下圖所示:

3
STEP
拖曳「Excel/ 寫入 Excel 工作表」動作,接著編輯動作參數,其中「Excel 執行個體」欄位請設定要執行的個體,這個個體必須在「啟動 Excel」動作中設定;「要寫入的值」欄位輸入要插入的文字、數字或變數,此處我們設定「%CSVTable%」;「寫入模式」欄位元可以讓你選擇各種不同寫入模式,此處我們設定「於指定的儲存格」,並設定從儲存格「A1」開始寫入。如下圖所示:

4 拖曳「Excel/ 關閉 Excel」動作，接著編輯動作參數，其中「儲存模式」欄
STEP 位元設定為「另存文件為」；並設定好檔案格式及文件路徑。如下圖所示：

5 拖曳「Excel/ 關閉 Excel」動作，接著編輯動作參數，其中「在關閉 Excel
STEP 之前」欄位設定為「不要儲存文件」。如下圖所示：

執行結果：

　　請記得將桌面流程儲存起來，本範例執行後，各位可以在「變數」窗格看到下
圖的流程變數：

接著執行桌面流程，之後就可以檢查 D:\PAexample\ch06 資料夾以確認新的 Excel 檔案已根據 CSV 資料生成。下圖為用資料表建立 Excel 檔案的工作表內容：（庫存統計 (From CSV).xlsx）

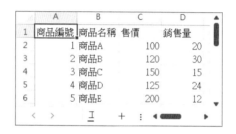

透過這些步驟，你可以無需手動操作，快速地將資料表或 CSV 檔案轉換為 Excel 檔案，大幅提升工作效率。記得在流程完成後，檢查操作後的結果檔案，並根據需要進行調整或再次執行流程。這些例子將有助於你理解自動化流程的設計與執行，並為更複雜的自動化任務打下堅實的基礎。

6-3 Excel 欄（列）自動化操作

在本章節，我們將探討如何使用 Power Automate Desktop 來自動化處理 Excel 中的欄與列的操作。我們會透過一些簡單的例子，來示範如何自動化這些任務。

6-3-1 新增整列（或整欄）資料

設你有一份 Excel 檔案資料，需要新增更新其中的資料。我們可以讓 Power Automate 自動新增列與欄，請看底下兩個例子的示範：新增整列資料及新增整欄資料。

桌面流程範例 新增整列資料 .txt

這個例子是示範如何在 Excel 新增列。下圖為 Excel 檔案的原始資料內容：

● **範例檔案**：庫存統計ok.xlsx

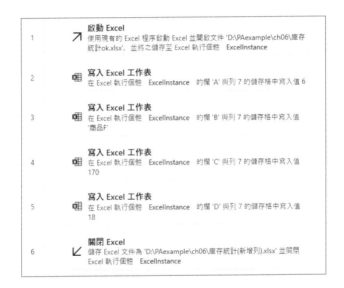

以下為桌面流程的操作流程：

1. **啟動 Excel**
   使用現有的 Excel 程序啟動 Excel 並開啟文件 'D:\PAexample\ch06\庫存統計ok.xlsx'，並將之儲存至 Excel 執行個體　ExcelInstance

2. **寫入 Excel 工作表**
   在 Excel 執行個體　ExcelInstance　的欄 'A' 與列 7 的儲存格中寫入值 6

3. **寫入 Excel 工作表**
   在 Excel 執行個體　ExcelInstance　的欄 'B' 與列 7 的儲存格中寫入值 '商品F'

4. **寫入 Excel 工作表**
   在 Excel 執行個體　ExcelInstance　的欄 'C' 與列 7 的儲存格中寫入值 170

5. **寫入 Excel 工作表**
   在 Excel 執行個體　ExcelInstance　的欄 'D' 與列 7 的儲存格中寫入值 18

6. **關閉 Excel**
   儲存 Excel 文件為 'D:\PAexample\ch06\庫存統計(新增列).xlsx' 並關閉 Excel 執行個體　ExcelInstance

步驟說明：

1 **STEP** 拖曳「Excel/ 啟動 Excel」動作，接著編輯動作參數，其中「啟動 Excel」欄位請設定要開啟新的 Excel 檔或開啟現有的 Excel 檔；「文件路徑」欄位可以讓你設定要開啟 Excel 檔的完整路徑。本例的設定資訊如下圖所示：

 ～ STEP 5 拖曳「Excel/ 寫入工作表」動作，接著編輯動作參數，本例的設定資訊如下圖所示：

6
STEP
拖曳「Excel/ 關閉 Excel」動作，接著編輯動作參數，其中「在關閉 Excel 之前」欄位設定為「另存文件為」；並設定好檔案格式及文件路徑。如下圖所示：

執行結果：

請記得將桌面流程儲存起來，本範例執行後，各位可以在「變數」窗格看到右圖的流程變數：

接著執行桌面流程，之後就可以檢查「D:\PAexample\ch06」資料夾以檢查 Excel 檔案以確認新的行列是否已正確新增。下圖為用資料表建立 Excel 檔案的工作表內容：

● **檔案名稱**：庫存統計 (新增列).xlsx

	A	B	C	D
1	商品編號	商品名稱	售價	銷售量
2	1	商品A	100	20
3	2	商品B	120	30
4	3	商品C	150	15
5	4	商品D	125	24
6	5	商品E	200	12
7	6	商品F	170	18

桌面流程範例 新增整欄資料 .txt

這個例子是示範如何在 Excel 新增欄。下圖為 Excel 檔案的原始資料內容：

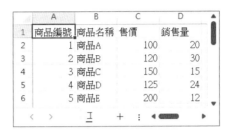

以下為桌面流程的操作流程：

步驟說明：

1 STEP 拖曳「Excel/ 啟動 Excel」動作，接著編輯動作參數，其中「啟動 Excel」
欄位請設定要開啟新的 Excel 檔或開啟現有的 Excel 檔；「文件路徑」欄位
可以讓你設定要開啟 Excel 檔的完整路徑。本例的設定資訊如下圖所示：

2 STEP ～ **5 STEP** 拖曳「Excel/ 寫入工作表」動作，接著編輯動作參數，本例的設定
資訊如下圖所示：

要寫入的值：	庫存量
寫入模式：	於指定的儲存格
資料行：	E
資料列：	1

要寫入的值：	500
寫入模式：	於指定的儲存格
資料行：	E
資料列：	2

要寫入的值：	450
寫入模式：	於指定的儲存格
資料行：	E
資料列：	3

要寫入的值：	320
寫入模式：	於指定的儲存格
資料行：	E
資料列：	4

要寫入的值：	180
寫入模式：	於指定的儲存格
資料行：	E
資料列：	5

要寫入的值：	122
寫入模式：	於指定的儲存格
資料行：	E
資料列：	6

6 拖曳「Excel/ 關閉 Excel」動作，接著編輯動作參數，其中「在關閉 Excel
STEP 之前」欄位設定為「另存文件為」；並設定好檔案格式及文件路徑。如下圖
所示：

執行結果：

請記得將桌面流程儲存起來。接著執行桌面流程，之後就可以檢查「D:\
PAexample\ch06」資料夾以檢查 Excel 檔案以確認新的欄是否已正確新增。

下圖為用資料表建立 Excel 檔案的工作表內容：

● **檔案名稱：**庫存統計 (新增欄).xlsx

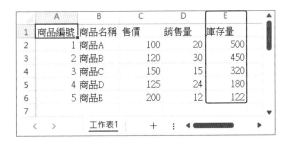

6-3-2　自動修改 Excel 中的資料

在本小節中，我們將探討如何在 Excel 中使用自動化方法來修改和更新資料。
Excel 是一個功能強大的試算表工具，但當你需要大規模地編輯、更新或計算資料

時，手動操作可能會變得繁瑣和耗時。自動修改資料可以說明你更高效地處理各種任務，從簡單的資料清理到複雜的計算和分析。

桌面流程範例　修改資料 .txt

這個例子是示範如何在 Excel 修改資料。下圖為 Excel 檔案的原始資料內容：

● **範例檔案**：庫存統計ok.xlsx

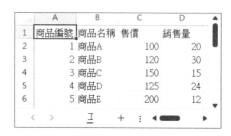

以下為桌面流程的操作流程：

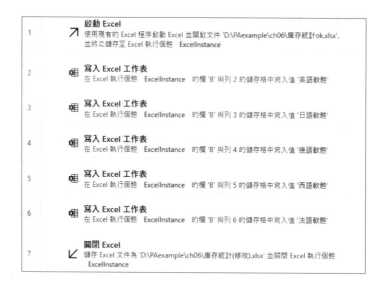

步驟說明：

1
STEP　拖曳「Excel/ 啟動 Excel」動作，接著編輯動作參數，其中「啟動 Excel」

欄位請設定要開啟新的 Excel 檔或開啟現有的 Excel 檔；「文件路徑」欄位可以讓你設定要開啟 Excel 檔的完整路徑。本例的設定資訊如下圖所示：

 ~ 拖曳「Excel/ 寫入工作表」動作，接著編輯動作參數，本例的設定資訊如下圖所示：

STEP **7** 拖曳「Excel/ 關閉 Excel」動作,接著編輯動作參數,其中「在關閉 Excel 之前」欄位設定為「另存文件為」;並設定好檔案格式及文件路徑。如下圖所示:

執行結果:

請記得將桌面流程儲存起來,接著執行桌面流程,之後就可以檢查是否已修改資料成功。下圖為修改後 Excel 檔案的工作表內容:

● **檔案名稱:**庫存統計 (修改).xlsx

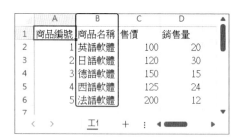

6-3-3 自動刪除欄（列）

在日益擁抱自動化的辦公環境中，管理資料的效率成為提升工作生產力的關鍵。Power Automate 能夠在我們處理表格資料時，自動化地進行增刪改查的任務。本章節將深入探討如何利用 Power Automate 實現自動刪除欄（列）的功能，不僅能夠減少手動操作的錯誤，還能大幅提升資料處理的速度。無論是基於資料準確性、工作流程的最佳化，或是安全性的考量，精準且自動化的刪除欄（列）操作都是不可或缺的一環。

桌面流程範例 自動刪除欄 (列).txt

這個例子是示範如何在 Excel 自動刪除欄（列）。下圖為 Excel 檔案的原始資料內容：

● **範例檔案**：庫存統計ok.xlsx

	A	B	C	D
1	商品編號	商品名稱	售價	銷售量
2	1	商品A	100	20
3	2	商品B	120	30
4	3	商品C	150	15
5	4	商品D	125	24
6	5	商品E	200	12

以下為桌面流程的操作流程：

1	**啟動 Excel** 使用現有的 Excel 程序啟動 Excel 並開啟文件 'D:\PAexample\ch06\庫存統計ok.xlsx'，並將之儲存至 Excel 執行個體　ExcelInstance
2	**刪除 Excel 工作表的欄** 刪除執行個體已儲存至　ExcelInstance　之 Excel 文件的欄 'D'
3	**刪除 Excel 工作表的列** 刪除執行個體已儲存至　ExcelInstance　之 Excel 文件的列編號: 6
4	**關閉 Excel** 儲存 Excel 文件為 'D:\PAexample\ch06\庫存統計(刪除欄列).xlsx' 並關閉 Excel 執行個體　ExcelInstance

步驟說明：

1 **STEP** 拖曳「Excel/ 啟動 Excel」動作，接著編輯動作參數，其中「啟動 Excel」欄位請設定要開啟新的 Excel 檔或開啟現有的 Excel 檔；「文件路徑」欄位可以讓你設定要開啟 Excel 檔的完整路徑。本例的設定資訊如下圖所示：

2 **STEP** 拖曳「Excel/ 進階 / 刪除 Excel 工作表的欄」動作，接著編輯動作參數，本例的設定資訊如下圖所示：

3 拖曳「Excel/ 進階 / 刪除 Excel 工作表的列」動作，接著編輯動作參數，本
STEP 例的設定資訊如下圖所示：

4 拖曳「Excel/ 關閉 Excel」動作，接著編輯動作參數，其中「在關閉 Excel
STEP 之前」欄位設定為「另存文件為」；並設定好檔案格式及文件路徑。如下圖
所示：

執行結果：

請記得將桌面流程儲存起來，接著執行桌面流程，之後就可以檢查是否已刪除欄列成功。下圖為修改後 Excel 檔案的工作表內容：

● **檔案名稱**：庫存統計 (刪除欄列).xlsx

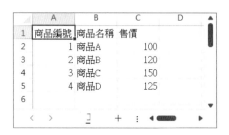

透過以上步驟，你可以輕鬆地自動化日常的 Excel 操作，提高工作效率並減少人為錯誤。記得在每一步驟操作後檢查結果，以確保流程正確無誤。這些基本的操作可以組合成更複雜的自動化任務，為你節省大量的時間和精力。

6-4　Excel 儲存格自動化操作

在本章節中，我們將學習如何精確地操作 Excel 中的儲存格，包括讀取、寫入和更新儲存格內的資料。這些技能對於處理各種資料管理任務都是非常重要的。讓我們透過一個實際的例子來示範這些操作。

6-4-1　讀取資料

在當前資訊資料爆炸的時代，如何有效地讀取並處理資料，成為各行各業關注的焦點。Power Automate 提供了多樣化的讀取資料方法，無論是針對單一儲存格、特定範圍，還是整張工作表的資料讀取，都能以精準且自動化的方式完成。這不僅大幅節省了手動整理資料的時間，也為資料分析與決策提供了即時且可靠的支援。本章節將介紹如何利用 Power Automate 來實現這些功能，讓讀取資料變得更加直觀與高效。讀取資料大概有下列三種方式：

🗗 讀取指定儲存格資料

在許多自動化任務中，我們經常需要讀取特定儲存格的資料。這裡將教您如何在 Power Automate 中設定流程，精確地讀取 Excel 工作表中指定儲存格的資料。因此為後續的資料處理奠定堅實的基礎。

🗗 讀取指定範圍

除了單一儲存格，有時候我們需要獲取一個範圍內的資料，比如一列或一欄。這裡將探討如何在 Power Automate 中設置參數，以實現對工作表中特定範圍資料的讀取，使得資料處理更加靈活和精確。

🗗 讀取整張工作表

當需要處理大量資料時，直接讀取整張工作表會是一個高效的選擇，這對於後續的大規模資料分析和處理將顯得至關重要。

桌面流程範例 讀取資料 .txt

這個例子是示範如何針對單一儲存格、特定範圍的資料讀取。

● **範例檔案**：庫存統計ok.xlsx

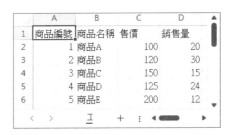

以下為桌面流程的操作流程：

步驟說明：

STEP 1 拖曳「Excel/ 啟動 Excel」動作，接著編輯動作參數，其中「啟動 Excel」欄位請設定要開啟新的 Excel 檔或開啟現有的 Excel 檔；「文件路徑」欄位可以讓你設定要開啟 Excel 檔的完整路徑。本例的設定資訊如下圖所示：

2
STEP 拖曳「Excel/讀取自 Excel 工作表」動作，接著編輯動作參數，這個步驟示範如何擷取「單一儲存格的值」，其設定資訊如下圖所示：

3
STEP 拖曳「Excel/讀取自 Excel 工作表」動作，接著編輯動作參數，這個步驟示範如何擷取「儲存格範圍中的值」，設定資訊如下圖所示：

拖曳「Excel/ 從 Excel 工作表中取得第一個可用資料行 / 資料列」動作，這個動作主要是擷取使用中工作表的第一個可用欄和（/ 或）可用列。這在將新資料加入至已包含資料的工作表時非常有用。這個動作會產生兩個變數。FirstFreeColumn，即第一個完全空白欄的數值。例如，如果欄 E 是第一個空白欄，則會儲存為 '5'。FirstFreeRow 數值，即第一個完全空白列的數值。例如，如果列 7 是第一個空白列，則會儲存為 '7'。設定資訊如下圖所示：

 拖曳「Excel/ 讀取自 Excel 工作表」動作，接著編輯動作參數，這個步驟示範如何擷取「儲存格範圍中的值」，設定資訊如下圖所示：

6
STEP 拖曳「Excel/ 關閉 Excel」動作，接著編輯動作參數，其中「在關閉 Excel 之前」欄位設定為「不要儲存文件」。如下圖所示：

執行結果：

執行前請先記得將桌面流程儲存起來，本範例執行後，各位可以在「變數」窗格看到右圖的流程變數：

其中變數 ExcelData1 是一個 DataTable 資料表物件，所擷取到的儲存格範圍如右圖所示：

變數值

ExcelData1 　(資料表)

#	Column1	Column2
0	商品名稱	售價
1	商品A	100
2	商品B	120
3	商品C	150
4	商品D	125
5	商品E	200

變數 ExcelData2 也是一個 DataTable 資料表物件，所擷取到的儲存格範圍如下圖所示：

變數值				
ExcelData2　(資料表)				
#	Column1	Column2	Column3	Column4
0	商品編號	商品名稱	售價	銷售量
1	1	商品A	100	20
2	2	商品B	120	30
3	3	商品C	150	15
4	4	商品D	125	24
5	5	商品E	200	12

透過這個簡單的例子，你可以看到如何使用 Power Automate Desktop 來自動化一些常見的 Excel 儲存格操作，因此提高資料處理的效率和準確性。這些技能可以輕易地應用於更複雜的資料處理場景中。

6-5　自動化 Excel 工作表資料運算

在本章節，我們將學習如何利用 Power Automate Desktop 自動化 Excel 工作表中的資料運算，例如使用公式來計算和分析資料。

桌面流程範例 加總銷售量 .txt

這個例子是示範如何進行 Excel 欄位的加總。右圖為 Excel 檔案的原始資料內容：

● 範例檔案：庫存統計ok.xlsx

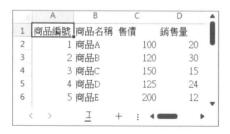

以下為桌面流程的操作流程：

步驟說明：

拖曳「Excel/ 啟動 Excel」動作，接著編輯動作參數，其中「啟動 Excel」
欄位請設定要開啟「空白文件」或「並開啟後續文件」；「文件路徑」欄位可
以讓你設定要開啟 Excel 檔的完整路徑。本例的設定資訊如下圖所示：

拖曳「Excel/ 讀取自 Excel 工作表」動作,接著編輯動作參數,這個步驟示
範如何擷取「儲存格範圍中的值」,其設定資訊如下圖所示:

 拖曳「文字 / 將文字轉換為數字」動作,接著編輯動作參數,下圖
為步驟 3 的設定資訊,它會將變數 %ExcelData[0]% 轉換為數值,
並儲存到 TextNumber1 變數,其它三個步驟類似:

8 拖曳「Excel/ 寫入 Excel 工作表」動作，將「總銷售量」寫入到 C7 儲存
STEP 格。如下圖所示：

9 拖曳「Excel/ 寫入 Excel 工作表」動作，將步驟 3 到步驟 7 等五個步驟加總
STEP 後的值寫入到 D7 儲存格。如下圖所示：

(10)
STEP
拖曳「Excel/關閉 Excel」動作,接著編輯動作參數,其中「儲存模式」欄位元設定為「另存文件為」;並設定好檔案格式及文件路徑。如下圖所示:

執行結果:

請記得將桌面流程儲存起來,本範例執行後,各位可以在「變數」窗格看到下圖的流程變數:

接著執行桌面流程,之後就可以檢查「D:\PAexample\ch06」資料夾以檢查 Excel 檔案以確認新的行列是否已正確新增。下圖為用資料表建立 Excel 檔案的工作表內容:

● **檔案名稱**：庫存統計 (加總銷售量).xlsx

	A	B	C	D	E
1	商品編號	商品名稱	售價	銷售量	
2	1	商品A	100	20	
3	2	商品B	120	30	
4	3	商品C	150	15	
5	4	商品D	125	24	
6	5	商品E	200	12	
7			總銷售量	101	

透過這些步驟，你不僅能夠自動計算出每一位客戶的總銷售額，還可以利用 Power Automate Desktop 的功能來進行更複雜的資料運算，如統計分析、條件計算等。自動化這一過程不僅可以提高工作效率，還能減少因手動輸入公式而產生的錯誤。這將為你處理大量資料提供一個快速且準確的解決方案。

6-6 自動化 Excel 工作表資料統計

在本章節，我們將學習如何使用 Power Automate Desktop 來自動執行 Excel 工作表資料的統計分析，這是資料分析工作中非常重要的一環。例如假設我們有一份產品銷售資料的 Excel 檔案，需要計算總銷售額。

桌面流程範例 業績統計 .txt

這個例子是示範如何進行 Excel 欄位的加總。下圖為 Excel 檔案的原始資料內容：

● **範例檔案**：書籍銷售.xlsx

	A	B	C	D	E	F
1	人員編號	多媒體概論	Python程式設計	電子商務導論	網路行銷入門	Office 商務應用
2	ZCT001	15	120	125	142	52
3	ZCT002	25	65	35	48	63
4	ZCT003	35	98	45	154	66
5	ZCT004	24	90	55	60	64
6	ZCT005	26	84	165	126	89
7	ZCT006	65	76	75	172	92
8	ZCT007	35	98	85	78	50
9	ZCT008	81	65	95	84	56
10	ZCT009	80	105	88	90	120
11	ZCT010	55	120	64	206	128

以下為桌面流程的操作流程：

步驟說明：

1
STEP
拖曳「Excel/ 啟動 Excel」
動作，接著編輯動作參
數，其中「啟動 Excel」
欄位請設定要開啟新的
Excel 檔或開啟現有的
Excel 檔；「文件路徑」
欄位可以讓你設定要開
啟 Excel 檔的完整路徑。
本例的設定資訊如右圖
所示：

2
STEP
拖曳「Excel/從 Excel 工作表中取得第一個可用資料行／資料列」動作，這個動作主要是擷取使用中工作表的第一個可用欄和（／或）可用列。這在將新資料加入至已包含資料的工作表時非常有用。這個動作會產生兩個變數。FirstFreeColumn，即第一個完全空白欄的數值。FirstFreeRow 數值，即第一個完全空白列的數值。設定資訊如下圖所示：

3
STEP
拖曳「Excel/讀取自 Excel 工作表」動作，接著編輯動作參數，這個步驟示範如何擷取「儲存格範圍中的值」，設定資訊如下圖所示：

④ 拖曳「Excel/ 寫入 Excel 工作表」動作，接著編輯動作參數，其中「Excel
STEP 執行個體」欄位請設定要執行的個體，這個個體必須在「啟動 Excel」動作
中設定；「要寫入的值」欄位輸入要插入的文字、數字或變數，此處我們設
定「各業務人員銷售量」；「寫入模式」欄位元可以讓你選擇各種不同寫入模
式，此處我們設定「於指定的儲存格」，並設定從儲存格「G1」開始寫入。
如下圖所示：

⑤ 拖曳「Excel/ 進階 / 啟用 Excel 工作表中的儲存格」動作可以啟用作用中的
STEP 儲存格，這裡我們打算向下寫入各業務人員銷售量的總和，所以在「啟用」
欄位設定為「絕對定位的指定儲存格」；「資料行」設定為 G；「資料列」設
定為 1，即儲存格 G1，如下圖所示：

這裡我們利用 For each 迴圈來走訪每一列，也就是加總五種書籍的銷售數量之總和，如下圖所示：

#	人員編號	多媒體概論	Python程式設計	電子商務導論	網路行銷入門	Office 商務應用
0	ZCT001	15	120	125	142	52
1	ZCT002	25	65	35	48	63
2	ZCT003	35	98	45	154	66
3	ZCT004	24	90	55	60	64
4	ZCT005	26	84	165	126	89
5	ZCT006	65	76	75	172	92
6	ZCT007	35	98	85	78	50
7	ZCT008	81	65	95	84	56
8	ZCT009	80	105	88	90	120

其中步驟 6「迴圈 /For each 迴圈」動作會走訪 ExcelData 變數，並將每一列資料儲存至「CurrentItem」變數：

其中步驟 7 點選「Excel/ 進階 / 啟用 Excel 工作表中的儲存格」動作可以啟用作用中的儲存格，因為我們已在第 5 個步驟已採用絕對位元址的方式定位在 G1 儲存格，因此這裡的「啟用」欄位設定為「相對定位的指定儲存格」；「方向」選「下方」；「與使用中儲存格的位移」設為 1。如下圖所示：

接著步驟 8 到步驟 12 再加入「文字 / 將文字轉換成數字」動作將各個欄位元的文字資料轉換成數值,例如下圖中的 %CurrentItem[' 多媒體概論 ']%:

其它四個步驟要轉換成數值的欄位分別為:

```
%CurrentItem['Python程式設計']%
%CurrentItem['電子商務導論']%
%CurrentItem['網路行銷入門']%
%CurrentItem['Office 商務應用']%
```

而步驟 14 的「Excel/ 寫作 Excel 工作表」動作則「要寫入的值」填入：

```
%Item1 + Item2 + Item3 + Item4 + Item5%
```

寫入 Excel 工作表   ×

在 Excel 執行個體的儲存格、具名儲存格或儲存格範圍中寫入值 其他資訊

選取參數

∨ 一般

Excel 執行個體：   %ExcelInstance%

要寫入的值：   %Item1 + Item2 + Item3 + Item4 + Item5%   {x}

寫入模式：   於目前使用中儲存格

錯誤時   儲存   取消

15 拖曳「Excel/ 關閉 Excel」動作，接著編輯動作參數，其中「在關閉 Excel
STEP
文件之前」欄位元設定為「另存文件為」；並設定好檔案格式及文件路徑。
如下圖所示：

關閉 Excel   ×

關閉 Excel 執行個體 其他資訊

選取參數

∨ 一般

Excel 執行個體：   %ExcelInstance%

在關閉 Excel 之前：   另存文件為

文件格式：   預設 (根據副檔名)

文件路徑：   D:\PAexample\ch06\書籍銷售ok.xlsx   {x}

錯誤時   儲存   取消

執行結果：

請記得將桌面流程儲存起來，本範例執行
後，各位可以在「變數」窗格看到右圖的流
程變數：

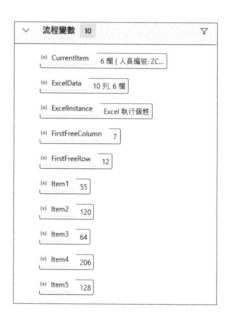

接著執行桌面流程，下圖為最後執行結果 Excel 檔案的工作表內容：

● **檔案名稱**：書籍銷售ok.xlsx

	A	B	C	D	E	F	G
1	人員編號	多媒體概論	Python程式設計	電子商務導論	網路行銷入門	Office 商務應用	各業務人員銷售量
2	ZCT001	15	120	125	142	52	454
3	ZCT002	25	65	35	48	63	236
4	ZCT003	35	98	45	154	66	398
5	ZCT004	24	90	55	60	64	293
6	ZCT005	26	84	165	126	89	490
7	ZCT006	65	76	75	172	92	480
8	ZCT007	35	98	85	78	50	346
9	ZCT008	81	65	95	84	56	381
10	ZCT009	80	105	88	90	120	483
11	ZCT010	55	120	64	206	128	573

工作表1　　+

透過上述步驟，我們可以快速且準確地完成銷售資料的基本統計分析，而無需
手動進行繁瑣的計算。這種自動化方法不僅能節省時間，還能提高工作效率，確
保資料分析的準確性。透過 Power Automate Desktop，即使是沒有深厚 Excel 操作
技能的用戶，也能夠輕鬆進行複雜的資料統計分析。

6-7 自動化 Excel 工作表資料篩選

透過這個過程，我們可以輕易地將特定條件的資料從一個龐大的資料集中篩選出來。這樣的自動化流程不僅可以節省手動篩選資料時所花費的時間，還能避免人為錯誤，提高工作效率和準確性。這對於需要快速回應客戶需求或進行資料分析的業務來說尤其重要。

桌面流程範例 成績評語系統 .txt

這個例子是示範如何自動化 Excel 工作表資料計算及加入條件式判斷，並篩選出各種等級的分數，並給予不同的成績評語。

● 範例檔：成績評語.xlsx

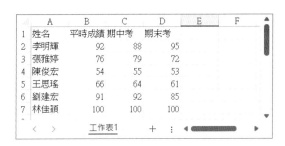

以下為桌面流程的操作流程的說明，本範例因為桌面流程步驟較多，所以分兩個部份來加以解說：

Part 1

步驟說明：

1 STEP 拖曳「Excel/ 啟動 Excel」動作，開啟 Excel 並讀檔。開啟 D:\PAexample\ch06\成績評語.xlsx 的 Excel 檔案。

2 STEP 拖曳「Excel/ 從 Excel 工作表中取得第一個可用資料行 / 資料列」動作，在 Excel 裡定位到第一個空白的列和行。

3 STEP 拖曳「Excel/ 讀取 Excel 工作表」動作，讀取 Excel 裡的資料，從 A1 格開始，讀到第一個空白的列和行前的所有資料。

4 STEP ～ **5** STEP 拖曳「Excel/ 寫入工作表」動作，在 E1 和 F1 格寫入「總成績」和「評分等級」。

拖曳「Excel/進階/啟用 Excel 工作表中的儲存格」動作，啟用 Excel 工作表中的儲存格，設定在 E1 儲存格。

Part 2

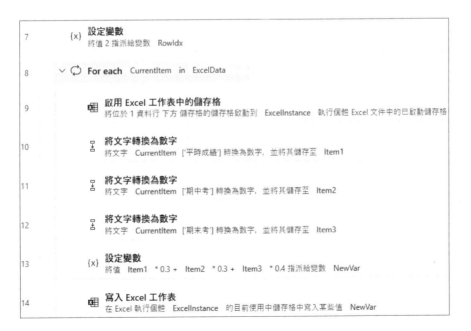

STEP **7**：拖曳「變數 / 設定變數」動作，將數值 2 設定給變數 RowIdx。

STEP **8** ~ STEP **27**：對每一列的資料進行迴圈處理,計算總成績,並根據總成績來評定等級。

其中步驟 9 拖曳「Excel/ 進階 / 啟用 Excel 工作表中的儲存格」動作，啟用 Excel 工作表中的儲存格，「啟用」設為「相對定位的指定儲存格」；「方向」設為「下方」；「與使用中儲存格間的位移」設為「1」。

步驟 10~12 是拖曳「文字 / 將文字轉為數字」，可以參考下圖設定方式。

而「寫入 Excel 工作表」的參數設定：「要寫入的值」是將值寫入 Excel 執行個體的儲存格或儲存格範圍。這個欄位元可以輸入要插入的文字、數字或變數。

而「if」動作或「Else If」動作的參數設定則可以設定不同級距的成績評語。

(28) 將處理完的資料儲存為新的 Excel 檔案「成績評語ok.xlsx」，並關閉檔案。
STEP

執行結果：

● 參考檔案：成績評語ok.xlsx

	A	B	C	D	E	F	G
1	姓名	平時成績	期中考	期末考	總成績	評分等級	
2	李明輝	92	88	95	92	Excellent A等級	
3	張雅婷	76	79	72	75.3	C等級	
4	陳俊宏	54	55	53	53.9	Fail 成績不及格	
5	王思瑤	66	64	61	63.4	D等級	
6	劉建宏	91	92	85	88.9	B等級	
7	林佳穎	100	100	100	100	Excellent A等級	

工作表1 +

## 第7章

自動化操作 Excel 活頁簿

在現代辦公室中，Excel 活頁簿的應用無處不在，從簡單的資料記錄到複雜的報表分析。本章將引導讀者學習如何利用 Power Automate 自動化這些常見的 Excel 活頁簿操作，進而節省時間、降低錯誤率，並提高工作效能。

7-1　整理多個活頁簿資料

在進行資料分析時，常常會遇到需要整合多個 Excel 活頁簿中資料的情況。利用 Power Automate，我們可以輕鬆地自動化這個過程，將分散的資料整合到一個活頁簿中，並進行更新。以下是一個實際的例子，透過 Power Automate 來實現這個任務。

桌面流程範例 單字表合併 .txt

這個例子提供兩個範例檔案，我們希望利用 Power Automate 自動的方式將工作表內容進行整理成相同的格式，再將兩個工作表內容進行合併。在「ch07\SAT 單字表」目錄下有 2 個檔案：「字彙 1.xlsx」及「字彙 2.xlsx」。如下圖所示：

	A	B	C
1	英文單字	詞性	中文意思
2	banal	adj.	平凡的;無趣味的
3	baneful	adj.	有毒的;有害的
4	banish	v.	驅逐;忘卻
5	bankruptcy	n.	破產;倒閉
6	barbarian	n.	野蠻人;野蠻
7	barber	n.	理髮師
8	baroque	adj.	過分裝飾的;巴洛克式的
9	barren	adj.	無益的;貧瘠的
10	barrier	n.	障礙;界線
11	basin	n.	流域;盆

工作表1　＋

	A	B	C	D	E
1	aboriginal		土著的;原始的		adj.
2	abound		富於;充滿		v.
3	abrade		磨損;擦傷		v.
4	abridge		刪節;削減		v.
5	abrupt		突然的;粗率的		adj.
6	absorb		吸收;專心		v.
7	absorption		吸收;專心		n.
8	abstract		抽象的;理論的		adj.
9	abstruse		深奧難解的		adj.
10	absurd		荒謬的;可笑的		adj.
11	abuse		濫用;妄用		v.
12	abut		鄰接;緊靠		v.
13	abysmal		無底的;深不可測的		adj.
14	academy		學會;專門學術學校		n.
15	accede		同意;繼承		v.
16					

工作表1　＋

這個例子的桌面流程範例共有 19 個步驟,我們將分 5 個部份來加以說明。

Part 1 步驟 1 ~ 步驟 4：複製檔案與開啟多個活頁簿

1　建立資料夾
將資料夾 'SAT單字表(整理後)' 建立至 'D:\PAexample\ch07'

2　複製資料夾
將資料夾 'D:\PAexample\ch07\SAT單字表' 複製到 NewFolder 並儲存至 CopiedFolder

3　啟動 Excel
使用現有的 Excel 程序啟動 Excel 並開啟文件 NewFolder '\SAT單字表\字彙1.xlsx', 並將之儲存至 Excel 執行個體 ExcelInstance1

4　啟動 Excel
使用現有的 Excel 程序啟動 Excel 並開啟文件 NewFolder '\SAT單字表\字彙2.xlsx', 並將之儲存至 Excel 執行個體 ExcelInstance2

(1) 為了避免更動到原先的範例檔案內容，我們先在本章的資料夾中拖曳「資料
STEP 夾 / 建立資料夾」動作，建立一個新的資料夾「SAT 單字表 (整理後)」。

(2) 拖曳「資料夾 / 複製資料夾」動作，將本例子會用到檔案的資料夾到「目的
STEP 地資夾」欄位所設定的新資料夾 (%NewFolder%)，並採用覆寫的模式，設
定資訊如下圖所示：

3
STEP 拖曳「Excel/ 啟動 Excel」動作，將第一個 Excel 檔案開啟，並儲存到名稱
為 ExcelInstance1 的執行個體。

4
STEP 拖曳「Excel/ 啟動 Excel」動作，將第二個 Excel 檔案開啟，並儲存到名稱
為 ExcelInstance2 的執行個體。

Part 2 步驟 5 ~ 步驟 10：將第二個開啟的活頁簿工作表資料整理

⑤ 拖曳「Excel/ 進階 / 刪除 Excel 工作表的欄」動作，將第二個 Excel 活頁簿第 D 欄空白欄刪除。

6 拖曳「Excel/ 進階 / 刪除 Excel 工作表的欄」動作，將第二個 Excel 活頁簿
STEP 第 B 欄空白欄刪除。

7 拖曳「Excel/ 進 階 / 複 製 Excel 工 作 表 的 儲 存 格」動 作，將 執 行 個 體
STEP ExcelInstance2 中的活頁簿指定範圍 C1:C15 的儲存格進行工作表資料的複
製工作。

8 拖曳「Excel/ 進階 / 將欄插入 Excel 工作表」動作，在第二個活頁簿的 B 欄
STEP 前插入一空白欄，其它欄位會向右遞移一個欄位。

9 拖曳「Excel/ 進階 / 將儲存格貼上 Excel 工作表」動作，將步驟 7 所複製的
STEP 儲存格範圍資料，貼上下圖中所指定的儲存格位置，即 B1。

10
STEP
拖曳「Excel/ 進階 / 刪除 Excel 工作表的欄」動作,將第二個 Excel 活頁簿
第 D 欄空白欄刪除。

Part 3 步驟 11 ~ 步驟 13:加入第一列標題

11
STEP
拖曳「Excel/ 進階 / 將列插入 Excel 工作表」動作,在第二個活頁簿的原先
第一列前插入一空白列,其它的列會自動向下遞移。

12 拖曳「Excel/ 進階 / 複製 Excel 工作表的儲存格」動作,將執行個體
STEP ExcelInstance1 中的 A1:D1 標題進行複製。

13 拖曳「Excel/ 進階 / 將儲存格貼上 Excel 工作表」動作,將上一個步驟所複
STEP 製的標題,貼上下圖中所指定的儲存格位置,即 A1。

Part 4 步驟 14 ~ 步驟 17：合併工作表內容

14	**從 Excel 工作表中取得第一個可用資料行/資料列** 針對執行個體儲存至 ExcelInstance1 的 Excel 文件，擷取其使用中工作表的第一個空白欄/列，並儲存至 FirstFreeColumn 和 FirstFreeRow
15	**讀取自 Excel 工作表** 讀取範圍從欄 'A' 列 2 至欄 FirstFreeColumn - 1 列 FirstFreeRow - 1 的儲存格值，並將其儲存至 ExcelData
16	**從 Excel 工作表中取得欄上的第一個可用列** 取得執行個體 ExcelInstance2 中，在 Excel 文件之使用中工作表的欄 'A' 上的第一個可用列
17	**寫入 Excel 工作表** 在 Excel 執行個體 ExcelInstance2 的欄 'A' 與列 FirstFreeRowOnColumn 的儲存格中寫入值 ExcelData

(14)
STEP
拖曳「Excel/ 從 Excel 工作表中取得第一個可用資料行 / 資料列」動作，可以擷取使用中工作表的第一個可用欄和 (/ 或可用列) 的索引，並分別儲存到 FirstFreeColumn 及 FirstFreeRow。

15 拖曳「Excel/ 讀取自 Excel 工作表」動作，接著編輯動作參數，這個步驟示
STEP 範如何擷取「儲存格範圍中的值」，其設定資訊如下圖所示：

16 拖曳「Excel/ 進階 / 從 Excel 工作表中取得欄上的第一個可用列」動
STEP 作，可以活頁簿 2 工作表 A 欄的擷取第一個可用資料列，就是下圖中的
FirstFreeRowOnColumn 變數。

17
STEP 拖曳「Excel/ 寫入 Excel 工作表」動作，將值寫入 Excel 執行個體的儲存格或儲存格範圍。設定資訊如下圖所示：

Part 5 步驟 18 ~ 步驟 19：關閉並儲存兩個 Excel 活頁簿

18
STEP 拖曳「Excel/ 關閉 Excel」動作，將活頁簿 1 直接關閉沒有儲存。如下圖所示：

19 拖曳「Excel/ 關閉 Excel」動作，將活頁簿 2 直接關閉並加以儲存。如下圖
STEP 所示：

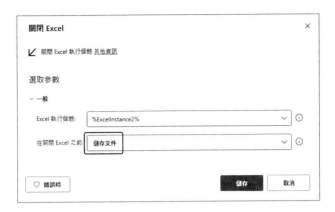

執行結果：

執行前請先記得將桌面流程儲存起來，本範例執行後，各位可以在「變數」窗
格看到下圖的流程變數：

右圖為本桌面動作範例執行後
Excel 檔案的工作表內容：

	A	B	C
1	英文單字	詞性	中文意思
2	aboriginal	adj.	土著的；原始的
3	abound	v.	富於；充滿
4	abrade	v.	磨損；擦傷
5	abridge	v.	刪節；削減
6	abrupt	adj.	突然的；粗率的
7	absorb	v.	吸收；專心
8	absorption	n.	吸收；專心
9	abstract	adj.	抽象的；理論的
10	abstruse	adj.	深奧難解的
11	absurd	adj.	荒謬的；可笑的
12	abuse	v.	濫用；妄用
13	abut	v.	鄰接；緊靠
14	abysmal	adj.	無底的；深不可測的
15	academy	n.	學會；專門學術學校
16	accede	v.	同意；繼承
17	banal	adj.	平凡的；無趣味的
18	baneful	adj.	有毒的；有害的
19	banish	v.	驅逐；忘卻
20	bankruptcy	n.	破產；倒閉
21	barbarian	n.	野蠻人；野蠻
22	barber	n.	理髮師
23	baroque	adj.	過分裝飾的；巴洛克式的
24	barren	adj.	無益的；貧瘠的
25	barrier	n.	障礙；界線
26	basin	n.	流域；盆

工作表1 +

透過以上步驟，即可利用 Power Automate 將散落在不同活頁簿中的資料自動化
整合起來，大幅提高工作效率和資料準確性。這只是一個簡單的例子，實際操作
中，你可能還需要考慮更多的細節，比如資料清洗、格式統一等，但基本的思路
是相同的。

7-2 將單一活頁簿的工作表分割成不同活頁簿

在資料管理過程中，有時候會需要將一個包含多個工作表的 Excel 活頁簿，分
割成多個各包含單一工作表的活頁簿，這樣的操作便於對特定資料進行單獨處理
與分享。以下是使用 Power Automate 來實現此任務的範例說明。

桌面流程範例 將活頁簿的工作表拆分成不同活頁簿 .txt

這個例子提供兩個範例檔案，我們希望利用 Power Automate 將單一活頁簿的工
作表分割成不同活頁簿。

假設我有一張活頁簿，內含好幾張工作表，例如在 ch07 目錄下有 1 個檔案：
「業績表.xlsx」。它包含兩個工作表：「銷售業績」及「產品銷售排行」。我們希望
將工作表拆分成不同活頁簿，如下圖所示：

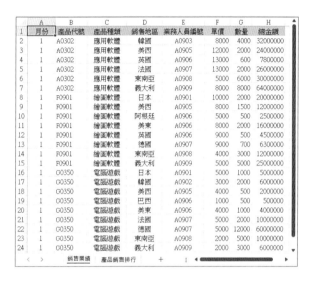

以下為桌面流程的操作流程：

步驟說明：

①
STEP 拖曳「Excel/ 啟動 Excel」動作，將 Excel 檔案開啟，並儲存到名稱為
ExcelInstance 的執行個體。

②
STEP 拖曳「Excel/ 進階 / 取得所有使用中 Excel 工作表」動作，可以擷取開啟活
頁簿的所有工作表名稱，並以清單的方式儲存在「SheetNames」變數。

~ **9** 拖曳「迴圈 /For each」動作，走訪 SheetNames 變數內的工作表名稱清單，並將走訪過程的工作表名稱儲存到 CurrentItem 變數。

4 拖曳「Excel/ 設定使用中 Excel 工作表」動作是用來啟用 Excel 執行個體的特定工作表。其中「啟用工作表搭配」欄位可以設定要依「名字」或「索引」尋找工作表。本例是以「名字」來指定工作表，所以在「工作表名稱」欄設定 CurrentItem 變數。

5 拖曳「Excel/ 進階 / 複製 Excel 工作表的儲存格」動作，可以複製 Excel 執行個體之使用中工作表的儲存格範圍。在「複製模式」指定是否要複製單一儲存格、儲存格範圍、目前選取範圍的儲存格、工作表中所有可用的值及具名儲存格的值。本例設定「工作表中所有可用的值」，它可以複製整張工作表，如下圖所示：

6 拖曳「Excel/ 啟動 Excel」動作將 Excel 檔案開啟，並儲存到名稱為
STEP ExcelInstance2 的執行個體，這是第 2 個活頁簿。

7 拖曳「Excel/ 進階 / 將儲存格貼上 Excel 工作表」動作是用來將儲存格範圍
STEP 貼上 Excel 執行個體的使用中工作表。這個例子設定從 A1 儲存格貼上。如
下圖所示：

8 拖曳「Excel/ 進階 / 重新命名 Excel 工作表」動作，重新命名 Excel 執行個
STEP 體的特定工作表。這個例子是將第活頁簿 2 的第一個工作表以 CurrentItem
變數作為其工作表名稱。如下圖所示：

10
STEP 拖曳「Excel/ 關閉 Excel」動作，將活頁簿 2 另外以 CurrentItem 變數作為其
檔案名稱，並指定其儲存路徑。如下圖所示：

11
STEP 拖曳「Excel/ 關閉 Excel」動作，將活頁簿 1 直接關閉且不用儲存。如下圖
所示：

執行結果：

請記得將桌面流程儲存起來，本範例執行後，各位可以在「變數」窗格看到右圖的流程變數：

當本範例執行後就可以看到在同一目錄中看到已分割出「銷售業績.xlsx」及「產品銷售排行.xlsx」。

透過這些步驟，我們可以快速將包含多個工作表的活頁簿拆分成多個單一工作表的活頁簿，進而使資料的分發和獨立處理變得更加簡單。這個過程完全自動化，大幅提高工作效率，尤其適用於需要將資料按部門或分類分開處理的情境。

7-3 合併同一活頁簿多個工作表

當我們需要將同一個 Excel 活頁簿內的多個工作表合併成單一工作表時，Power Automate 提供了自動化的解決方案，以便於資料整合和報表製作。接下來我將示範如何操作。

桌面流程範例 合併同一活頁簿多個工作表 .txt

假設我有一張活頁簿，內含好幾張工作表，我們希望合併同一活頁簿多個工作表，例如在 ch07 目錄下有 1 個檔案：「國小單字.xlsx」。它包括三個工作表「動物」、「衣物」及「顏色」，如下圖所示：

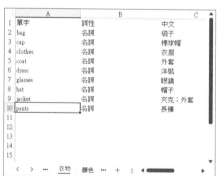

以下為桌面流程的操作流程：

步驟說明：

 拖曳「Excel/ 啟動 Excel」動作將 Excel 檔案開啟，並儲存到名稱為 ExcelInstance 的執行個體。

 拖曳「Excel/ 進階 / 複製 Excel 的儲存格」動作複製 Excel 執行個體之使用中工作表的儲存格範圍。本例設定「儲存格範圍中的值」，如下圖所示：

STEP 3 拖曳「Excel/ 啟動 Excel」動作，將 Excel 檔案開啟，並儲存到名稱為 ExcelInstance2 的執行個體。

STEP 3 ~ STEP 9 拖曳「迴圈 /For each 迴圈」動作走訪 SheetNames 變數內的工作表名稱清單，並將走訪過程的工作表名稱儲存到 CurrentItem 變數。

STEP 4 拖曳「Excel/ 進階 / 將儲存格貼上 Excel 工作表」動作，將儲存格範圍貼上 Excel 執行個體的使用中工作表，這個例子指定 A1 儲存格為貼上開始處。

STEP 5 拖曳「Excel/ 進階 / 取得所有使用中 Excel 工作表」動作，擷取開啟活頁簿的所有工作表名稱，並以清單的方式儲存在「SheetNames」變數。

~ **12** 拖曳「迴圈 /For each 迴圈」動作走訪 SheetNames 變數內的工作表
名稱清單,並將走訪過程的工作表名稱儲存到 CurrentItem 變數。

7 拖曳「Excel/ 設定使用中 Excel 工作表」動作,啟用 Excel 執行個體的特定
STEP 工作表。其中「啟用工作表時搭配」欄位是指定要依「名字」或「索引」
尋找工作表。本例是以「名字」來指定工作表,所以在「工作表名稱」欄設
定 %CurrentItem% 變數。

8 拖曳「Excel/ 從 Excel 工作表中取得第一個可用資料行 / 資料列」動作,擷
STEP 取使用中工作表的第一個可用欄和(/ 或)可用列。

9
STEP 拖曳「Excel/ 進階 / 複製 Excel 工作表的儲存格」動作,是用來複製 Excel 執行個體之使用中工作表的儲存格範圍。

10
STEP 拖曳「Excel/ 進階 / 從 Excel 工作表中取得欄上的第一個可用列」動作,擷取第一個可用資料列,此時指定使用中工作表的資料行。

11
STEP 拖曳「Excel/ 進階 / 將儲存格貼上 Excel 工作表」動作,來將儲存格範圍貼上 Excel 執行個體的使用中工作表。「資料行」及「資料列」設定資訊如下:

12
STEP
迴圈結束。

13
STEP
拖曳「Excel/ 關閉 Excel」動作，將活頁簿 2 另外以 CurrentItem 變數作為其
檔案名稱，並指定其儲存路徑。

14
STEP
拖曳「Excel/ 關閉 Excel」動作，將活頁簿 1 直接關閉且不用儲存。

執行結果：

執行前請先記得將桌面流程儲存起來，本
範例執行後，各位可以在「變數」窗格看到
右圖的流程變數：

當本範例執行後就可以看到合併同一活頁簿多個工作表。

透過以上步驟，我們可以將分散在多個工作表的資料合併到一個工作表中，這對於製作年度報告或進行大範圍的資料分析非常有幫助。利用 Power Automate 自動化這一過程，不僅可以節省大量時間，還可以降低因手動操作而產生錯誤的風險。

7-4 合併指定目錄下的所有活頁簿

在日常工作中，我們經常需要將一個目錄下所有的 Excel 活頁簿整合到一個工作表中，以便進行資料分析或報表彙整。接下來，我將透過一個實際的例子，來示範如何使用 Power Automate 來完成這項任務。例如將「學校聯絡資訊」資料夾中的各縣市學校聯絡資訊活頁簿合併到一個工作表。

桌面流程範例 學校聯絡資訊 .txt

這個例子提供同一個資料夾三個範例檔案，我們希望利用 Power Automate 自動的方式將合併指定目錄下的所有活頁簿。如下圖所示：

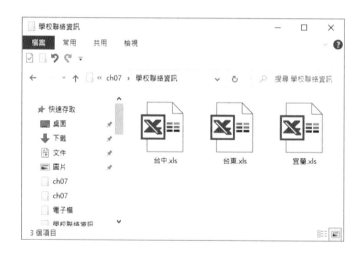

以台中為例，這個活頁簿檔案的工作內容如下：

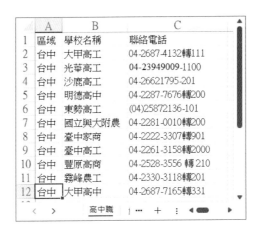

這個例子的桌面流程範例共有 14 個步驟，我們將分 3 個部份來加以說明。

Part 1 步驟 1 ~ 步驟 4：啟動空白 **Excel** 文件寫入標題

(1) 拖曳「Excel/ 啟動 Excel」動作，將第一個 Excel 檔案開啟，並儲存到名稱
STEP 為 ExcelInstance 的執行個體。

(2) ~ (4) 在 ExcelInstance 執行個體 A1、B1 及 C1 填入標題。
STEP STEP

Part 2 步驟 5 ~ 步驟 13：將指定資料內 Excel 檔案逐一合併

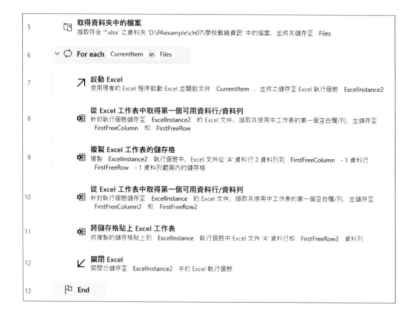

5
STEP
取得「D:\PAexample\ch07\ 學校聯絡資訊」資料夾內的所有 Excel 檔案清單，並儲存到 Files 變數。

6 ~ **13**
STEP STEP
拖曳「迴圈 /For Each」動作，會在步驟 13 自動產生 End 動作。

7 拖曳「Excel/ 啟動 Excel」動作，啟動新的 Excel 執行個體或開啟 Excel 文件。
STEP

8 ~ **9** 拖曳「Excel/ 從 Excel 工作表中取得第一個可用資料行 / 資料列」動
STEP **STEP** 作，將活頁簿 2 的工作表先取得第一個可用的資料行 / 資料列，再
複製不含標題列的所有資料列。

10 ~ **11** 找到活頁簿 1 工作表第一個可用的資料行 / 資料列，再將剛才複製
STEP **STEP** 的儲存格範圍從貼到 %FirstFreeRow2% 變數記錄的資料列。

12 拖曳「Excel/ 關閉 Excel」動作，直接關閉檔案且不儲存檔案。如下圖所
STEP 示：

(13) 關閉檔案並另存新檔
STEP

拖曳「Excel/ 關閉 Excel」動作，將活頁簿 1 以另外檔案儲存，並指定其儲存路徑。如下圖所示：

執行結果：

執行前請先記得將桌面流程儲存起來，本範例執行後，各位可以在「變數」窗格看到下圖的流程變數：

下圖為本桌面動作範例執行後 Excel 檔案的工作表內容：

	A	B	C	D
1	區域	學校名稱	聯絡電話	
2	台中	大甲高工	04-2687-4132轉111	
3	台中	光華高工	04-23949009-1100	
4	台中	沙鹿高工	04-26621795-201	
5	台中	明德高中	04-2287-7676轉200	
6	台中	東勢高工	(04)25872136-101	
7	台中	國立興大附A	04-2281-0010轉200	
8	台中	臺中家商	04-2222-3307轉901	
9	台中	臺中高工	04-2261-3158轉2000	
10	台中	豐原高商	04-2528-3556 轉 210	
11	台中	霧峰農工	04-2330-3118轉201	
12	台中	大甲高中	04-2687-7165轉331	
13	台東	台東高商	089-350575-2100	
14	台東	成功商水	(089) 850011-200	
15	台東	關山工商	(089)811006-211	
16	台東	公東高工	089-222887轉 101 或 9	
17	台東	台東女中	089-321268-210	
18	台東	臺東高中	089-322070-2101	
19	台東	台東體中	(089)383629-1211	
20	台東	育仁高中	(089)382839-231	
21	台東	關嶼高中	089-732016#211	
22	宜蘭	宜蘭高商	(03)938-4147#200	
23	宜蘭	頭城家商	03-9771131#110	
24	宜蘭	蘇澳海事	03-9951661轉200	
25	宜蘭	中道高中	03-9306696#100	
26	宜蘭	宜蘭高中	03-9324153轉100	
27	宜蘭	慧燈高中	03-9229968-326 或 111	
28	宜蘭	羅東高工	03-9514196#201	

< > 工作表1 +

透過以上步驟，我們可以將指定目錄下的所有活頁簿快速合併到一個工作表中，這大大簡化了資料整合的過程，並且提高了工作效率。

7-5 自動彙整合併多個 Excel 活頁簿資料

最後，我們將學習如何自動彙整來自不同活頁簿的資料，這有助於為決策提供支援。

桌面流程範例 軟體銷售總表 .txt

這個例子提供同一個資料夾三個範例檔案,我們希望利用 Power Automate 自動的方式來整合多個 Excel 文件中的銷售資料到一個總表中。如下圖所示:

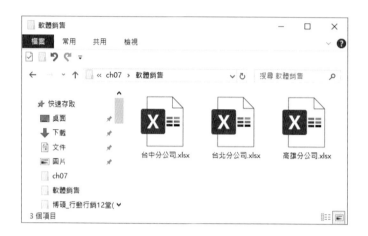

這三個活頁簿檔案的工作內容如下:

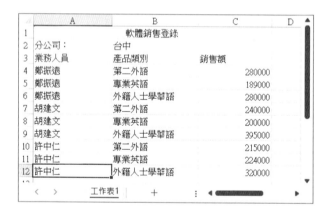

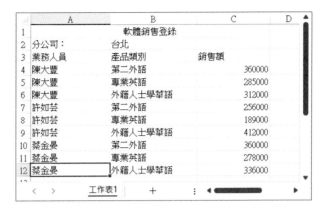

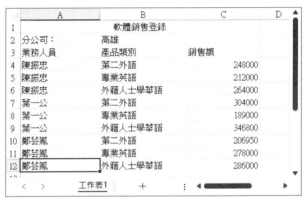

以下為桌面流程的操作流程:

步驟說明：

 拖曳「資料夾 / 取得資料夾中的檔案」動作，抓取「D:\PAexample\ch07\ 軟體銷售」資料夾裡所有的.xlsx 檔案。

2
STEP
拖曳「Excel/ 啟動 Excel」動作，開啟 Excel 應用程式，設定為可見狀態。

3
STEP
拖曳「Excel/ 寫入 Excel 工作表」動作，在新的 Excel 文件 A1 儲存格寫入標題「各分公司軟體銷售總表」。

4
STEP
拖曳「Excel/ 寫入 Excel 工作表」動作，在 A2 儲存格設定表頭「分公司」。

5
STEP
拖曳「Excel/ 寫入 Excel 工作表」動作，在 B2 儲存格設定表頭「業務人員」。

6
STEP
拖曳「Excel/ 寫入 Excel 工作表」動作，在 C2 儲存格設定表頭「產品類別」。

7
STEP
拖曳「Excel/ 寫入 Excel 工作表」動作，在 D2 儲存格設定表頭「銷售額」。

8
STEP
拖曳「變數 / 設定變數」動作，設定變數 Beginning_Pos 為 3，表示從第三行開始處理資料。

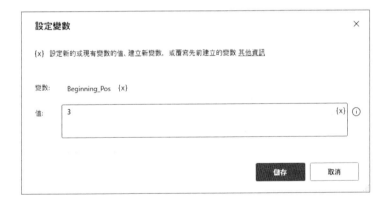

9
STEP
拖曳「迴圈 /For each」動作，遍歷步驟 1 找到的每個 Excel 檔案。

10
STEP
拖曳「Excel/ 啟動 Excel」動作，打開目前處理的 Excel 檔案，設為可見狀態。

11 拖曳「Excel/ 讀取自 Excel 工作表」動作，從目前檔案的 B2 儲存格讀取
STEP 「Branch」的變數名稱。

12 拖曳「Excel/ 從 Excel 工作表中取得第一個可用資料行 / 資料列」動作，找
STEP 出目前檔案中第一個空白列和行的位置。

13 拖曳「Excel/ 進階 / 複製 Excel 工作表的儲存格」動作，複製從 A4 開始到
STEP 第一個空白列和行之前的所有儲存格。

14
STEP
拖曳「Excel/ 關閉 Excel」動作，關閉目前處理的 Excel 檔案。

15
STEP
拖曳「Excel/ 進階 / 從 Excel 工作表中取得欄上的第一個可用列」動作，在新 Excel 文件中找出 B 列的第一個空白行位置。

16 拖曳「Excel/進階/將儲存格貼上 Excel 工作表」動作,將剛才複製的資料
STEP 貼到新 Excel 文件對應位置。

17 拖曳「Excel/進階/從 Excel 工作表中取得欄上的第一個可用列」動作,再
STEP 次找出新 Excel 文件中 B 列的第一個空白行位置。

~ 拖曳「迴圈／迴圈」動作,從變數 Beginning_Pos 開始,迴圈至步驟 17 找到的行數減 1,逐行寫入 Branch 變數記錄的分公司的名稱。

21 拖曳「Excel/ 進階 / 從 Excel 工作表中取得欄上的第一個可用列」動作,更
STEP 新變數 Beginning_Pos 為新 Excel 文件中 A 列的第一個空白行位置。

 迴圈結束。

23 拖曳「Excel/ 關閉 Excel」動作，關閉並儲存新的 Excel 文件至「D:\
STEP PAexample\ch07\ 各分公司軟體銷售彙整.xlsx」。

執行結果：

請先記得將桌面流程儲存起來，本範例執行後，各位可以在「變數」窗格看到右圖的流程變數：

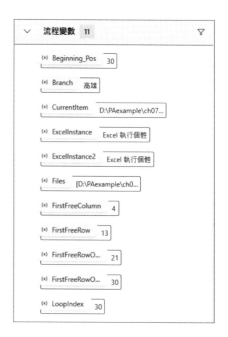

下圖為本桌面動作範例執行後 Excel 檔案的工作表內容：

● **檔名：**各分公司軟體銷售彙整.xlsx

	A	B	C	D
1	區域	學校名稱	聯絡電話	
2	台中	大甲高工	04-2687-4132轉111	
3	台中	光華高工	04-23949009-1100	
4	台中	沙鹿高工	04-26621795-201	
5	台中	明德高中	04-2287-7676轉200	
6	台中	東勢高工	(04)25872136-101	
7	台中	國立興大附高	04-2281-0010轉200	
8	台中	臺中家商	04-2222-3307轉901	
9	台中	臺中高工	04-2261-3158轉2000	
10	台中	豐原高商	04-2528-3556 轉 210	
11	台中	霧峰農工	04-2330-3118轉201	
12	台中	大甲高中	04-2687-7165轉331	
13	台東	台東高商	089-350575-2100	
14	台東	成功商水	(089) 850011-200	
15	台東	關山工商	(089)811006-211	
16	台東	公東高工	089-222877轉 101 或 9	
17	台東	台東女中	089-321268-210	
18	台東	臺東高中	089-322070-2101	
19	台東	台東體中	(089)383629-1211	
20	台東	育仁高中	(089)382839-231	
21	台東	蘭嶼高中	089-732016#211	
22	宜蘭	宜蘭高商	(03)938-4147#200	
23	宜蘭	頭城家商	03-9771131#110	
24	宜蘭	蘇澳海事	03-9951661轉200	
25	宜蘭	中道高中	03-9306696#100	
26	宜蘭	宜蘭高中	03-9324153轉100	
27	宜蘭	慧燈高中	03-9229968-326 或 111	
28	宜蘭	羅東高工	03-9514196#201	

工作表1   +

透過本章的學習，您將能夠將日常重複的 Excel 處理工作自動化，進而專注於更高價值的任務。

NOTE

第8章

在 Power Automate 結合 SQL 進行資料處理

在這個資訊爆炸的時代，資料的收集與處理成為了商業決策中不可或缺的一環。Power Automate 結合 SQL 的能力，可以讓我們更加有效地處理龐大的資料，並從中提取有價值的資訊。在本章中，我們將探索如何利用 Power Automate 與 SQL 的強大結合，來處理和分析資料，進而達到自動化的效能最大化。

8-1 認識 SQL 語言的基礎

在開始學習 SQL 語言之前，我們需要了解 SQL 是一種強大的資料庫查詢語言，它允許我們存取、修改和操作關聯式資料庫中的資料。SQL 代表結構化查詢語言（Structured Query Language），它的設計目標是讓我們能夠以簡單的語法進行複雜的資料操作。

首先，我們從 SQL 的基本概念開始：資料庫、表格、欄位和記錄。資料庫是儲存資料的容器，而表格則是資料庫中儲存資料的結構，可以想像成 Excel 中的一個工作表。每一個表格由欄位（Columns 或稱 Fields）和記錄（Rows 或稱 Records）組成。欄位代表資料的類型，例如姓名或年齡，而記錄則是具體的資料實例。

8-1-1 SQL 基本指令

接下來，讓我們了解一下基本的 SQL 指令。最常用的 SQL 指令包括 SELECT、INSERT、UPDATE 和 DELETE。這些指令允許我們從表格中選取資料、插入新的記錄、更新現有記錄以及刪除記錄。

例如，如果我們想從名為 Customers 的表格中選取所有記錄，我們會使用以下的 SELECT 語句：

```
SELECT * FROM Customers;
```

這條語句將回傳 Customers 表中的所有記錄。如果我們只對某些特定欄位感興趣，比如說顧客的姓名和電話號碼，我們可以這樣寫：

```
SELECT CustomerName, PhoneNumber FROM Customers;
```

這樣就只會回傳顧客姓名和電話號碼這兩個欄位的資訊。透過這樣的練習，我們可以利用 ChatGPT 進行互動式學習，逐步建立更複雜的查詢，例如篩選特定條件的記錄或對結果進行排序。

舉個實際的例子，假設我們想找出所有來自台北的顧客，我們可以增加一個 WHERE 子句來實現這一點：

```
SELECT * FROM Customers WHERE City = 'Taipei';
```

透過與 ChatGPT 的互動式學習，我們不僅可以學習這些基本指令，還可以了解如何結合它們來解決實際問題。例如，如果我們想要更新一位顧客的聯絡資訊，我們可以使用 UPDATE 語句：

```
UPDATE Customers SET PhoneNumber = '0988123456' WHERE
CustomerID = 1;
```

上述語句將會把 CustomerID 為 1 的顧客的電話號碼更新為新的號碼。

為了更深入地理解 SQL，我們也可以探討更複雜的概念，如聯結（JOINs）、子查詢（Subqueries）和交易（Transactions）。透過 ChatGPT，我們可以模擬真實世界的資料查詢和處理情境，學習如何建立更複雜、更高效的 SQL 查詢。

此外，我們也可以透過 ChatGPT 來了解常見的錯誤和如何避免它們，進而在學習過程中建立堅實的基礎。

8-1-2 SQL 線上學習資源

另外，我們也可以探索一些線上資源，如 W3Schools 的 SQL 教程（https://www.w3schools.com/sql/），這是一個非常實用的學習資源，提供了廣泛的範例和練習題。

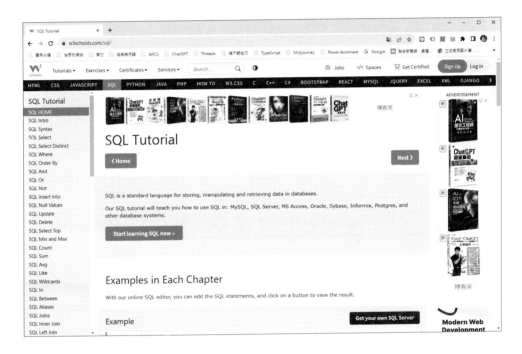

此外，透過參加線上論壇和社群，如 Stack Overflow，我們可以看到其他開發者如何解決實際問題，進而增加我們對 SQL 的認識。

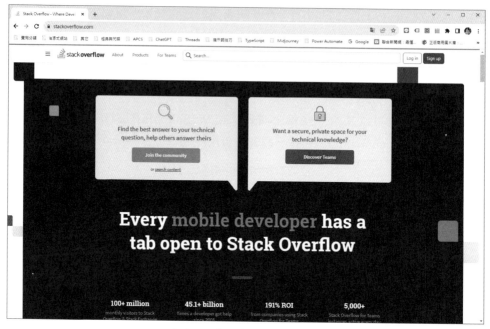

▲ https://stackoverflow.com/

8-2 用 Power Automate 桌面流程執行 SQL 指令

在 Power Automate 桌面流程中執行 SQL 指令是一種將您的資料自動化的強大方式。對 SQL 有了初步了解後，下一步就是將這些知識運用到實際操作中。在這一節，我們將學習如何在 Power Automate 桌面流程中執行 SQL 指令，進而實現資料的自動處理。

以下是一些實際的例子，我們將學習如何使用 Power Automate Desktop 來執行 SQL 查詢並自動處理資料。

8-2-1 用 SQL 查詢工作表全部資料

假設您是一家公司的資料分析師，需要定期從公司的資料庫中提取員工資料，進行分析並生成報告。我們將透過 Power Automate Desktop 執行 SQL 指令來自動化這個流程。

桌面流程範例 執行 SQL 指令 .txt

這是一個 Power Automate 桌面動作流程，用於從 Excel 檔案執行 SQL 指令。這個流程是連接一個 Excel 檔案，執行一個 SQL 查詢，然後關閉連接的過程。這只是一個基本的流程範例，根據您的具體需求，您可能需要添加更複雜的資料處理邏輯。

● 範例檔：員工資料.xlsx

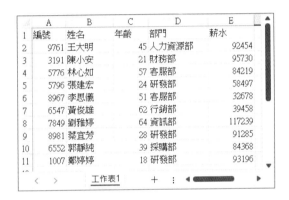

以下為桌面流程的操作流程：

1 設定 Excel 檔案路徑：拖曳「變數 / 設定變數」動作，將變數 Excel_File_
STEP Path 設定為 D:\PAexample\ch08\員工資料.xlsx，這是要連接並執行 SQL 查
詢的 Excel 檔案的路徑。

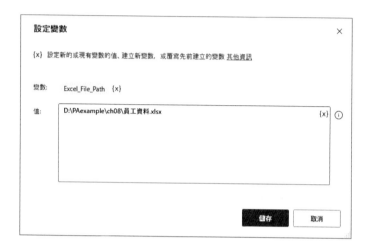

2 連接資料庫：拖曳「資料庫 / 開啟 SQL 連線」動作，使用 OLE DB 來連接
STEP Excel 檔案。這裡設定的連接字串指定了資料來源路徑、擴充屬性及標頭。

③ 執行 SQL 指令：拖曳「資料庫 / 執行 SQL 陳述式」動作，在已建立的連
STEP 接上執行 SQL 查詢「SELECT * FROM [工作表 1$]」，選取工作表 1 中的
所有資料。這個查詢會在設定的 30 秒超時時間內完成，並將結果存入變數
QueryResult。

④ 關閉資料庫連接：拖曳「資料庫 / 關閉 SQL 連線」動作，完成查詢後，關
STEP 閉與 Excel 檔案的資料庫連接。

執行結果：

　　請記得將桌面流程儲存起來，本範例執行後，各位可以在「變數」窗格看到右圖的流程變數：

　　如果各位以滑鼠點選「QueryResult」變數，這個變數是一個 DataTable 物件，下圖為本範例的查詢結果：

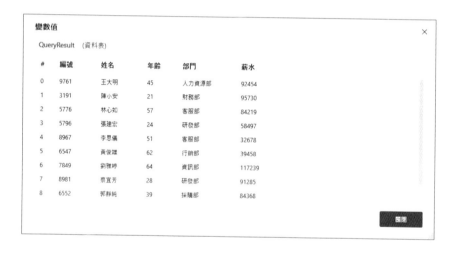

8-2-2 用 SQL 查詢特定條件的資料

　　在本節中，我們將探討如何使用 Power Automate 桌面流程來執行 SQL 查詢，可以從 Excel 文件中篩選出特定條件的資料。透過這個實例，您將學會如何建立一個自動化的查詢流程，不僅可以增強資料處理的效率，也讓您能夠靈活地針對資料庫進行深入分析。

　　我們會從建立與 Excel 檔案的連接開始，逐步引導您如何撰寫 SQL 指令來達成目標。您將會看到，透過指定的條件，我們可以精準地從一大堆資料中提取我們所需的資訊。這不僅對於日常辦公室工作來說是一大利器，對於需要處理大量資料並從中尋找特定資料的情況下更是如此。

不論您是需要找出特定部門的員工名單，或是要篩選出銷售資料中的高表現產品，都可以參考本小節的桌面流程範例。

桌面流程範例　設定條件查詢 .txt

在這個範例中，我們將深入探討如何利用 Power Automate Desktop 來對資料的設定條件查詢。透過這個實例，您將學會如何設計一個流程，讓您能夠快速而準確地從資料庫中檢索出符合特定條件的資料記錄。

● **範例檔**：員工資料.xlsx

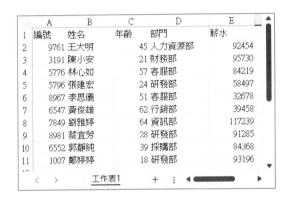

以下為桌面流程的操作流程：

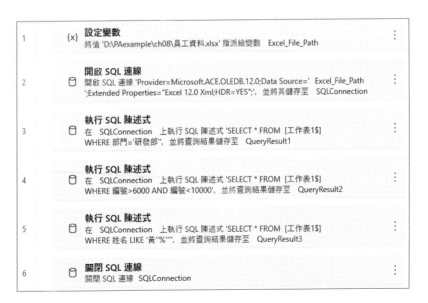

1
STEP
設定 Excel 檔案路徑：拖曳「變數 / 設定變數」動作，將變數 Excel_File_
Path 指定為 D:\PAexample\ch08\員工資料.xlsx。這步驟確定了我們將要連接
和查詢的 Excel 檔案位置。

2
STEP
連接資料庫：拖曳「資料庫 / 開啟 SQL 連線」動作，使用 OLE DB 提供者
來建立與指定 Excel 檔案的連接。

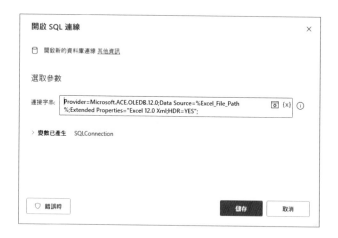

3
STEP
執行 SQL 查詢 1：拖曳「資料庫 / 執行 SQL 陳述式」動作，在建立的連接
上，執行 SQL 指令來選取「工作表 1」中「部門」為「研發部」的所有記
錄，查詢有 30 秒的超時設定。

④ 執行 SQL 查詢 2：拖曳「資料庫 / 執行 SQL 陳述式」動作，在同一連接
STEP 上，執行 SQL 指令選取「工作表 1」中「編號」大於 6000 且小於 10000 的
所有記錄，此查詢同樣有 30 秒的超時設定。

5 執行 SQL 查詢 3：拖曳「資料庫 / 執行 SQL 陳述式」動作，繼續在該連接
STEP 上執行，這次是選取「工作表 1」中「姓名」開頭為「黃」的所有記錄，查
詢依舊有 30 秒的超時限制。

6 關閉資料庫連接：完成所有查詢後，關閉與 Excel 檔案的連接。
STEP

　　這個流程示範了如何透過 Power Automate Desktop 搭配 SQL 指令，從 Excel 檔
案中按照不同條件進行資料提取。這些步驟對於需要快速取得特定資料的商業分
析或資料處理工作來說，是非常實用的。

執行結果：

請記得將桌面流程儲存起來，本範例執行
後，各位可以在「變數」窗格看到右圖的流
程變數：

如果各位以滑鼠點選各個儲存查詢結果的變數，下圖為本範例的查詢結果：

QueryResult1　(資料表)

#	編號	姓名	年齡	部門	薪水
0	5796	張建宏	24	研發部	58497
1	8981	蔡宜芳	28	研發部	91285
2	1007	鄭婷婷	18	研發部	93196

QueryResult2　(資料表)

#	編號	姓名	年齡	部門	薪水
0	9761	王大明	45	人力資源部	92454
1	8967	李思儀	51	客服部	32678
2	6547	黃俊雄	62	行銷部	39458
3	7849	劉雅婷	64	資訊部	117239
4	8981	蔡宜芳	28	研發部	91285
5	6552	郭靜純	39	採購部	84368

QueryResult3　(資料表)

#	編號	姓名	年齡	部門	薪水
0	6547	黃俊雄	62	行銷部	39458

8-2-3 遞增及遞減排序

在 SQL 中，排序是透過 ORDER BY 子句來實現的，它允許我們根據一個或多個列的升序（遞增）或降序（遞減）來排序查詢結果。

● **遞增排序（升序）**：預設的排序方式。當您希望從最小到最大排序時使用，可以明確地使用 ASC 關鍵字來指定。

● **遞減排序（降序）**：當您希望從最大到最小排序時使用，需要使用 DESC 關鍵字來指定。

卣 例子

假設我們有一個叫做 Employees 的資料表，裡面包含 LastName 和 Salary 兩個列。

按姓氏進行遞增排序：

```
SELECT LastName, Salary FROM Employees ORDER BY LastName ASC;
```

這條指令將按姓氏的字母順序對員工進行排序，從 A 到 Z。

按薪資進行遞減排序：

```
SELECT LastName, Salary FROM Employees ORDER BY Salary DESC;
```

這條指令將按薪資的高低對員工進行排序，從最高薪資到最低薪資。

如果想要按照多個列進行排序，可以在 ORDER BY 後面列出這些列，並為每一列指定 ASC 或 DESC。例如，如果我們想要先按薪資遞減排序，薪資相同的情況下再按姓氏遞增排序，可以這樣寫：

```
SELECT LastName, Salary FROM Employees ORDER BY Salary DESC,
LastName ASC;
```

這種多列排序的能力使 SQL 在資料檢索時非常靈活和強大。

另外，SQL 提供了多種聚合函數，用於對資料集執行計算，並回傳單一值。這些聚合函數包括：

● **COUNT()**：計算結果集中的項目數量。

例如，SELECT COUNT(*) FROM employees; 將回傳員工表中的記錄數。

● **SUM()**：計算數值列的總和。

例如，SELECT SUM(salary) FROM employees; 將回傳員工薪水的總和。

● **AVG()**：計算數值列的平均值。

例如，SELECT AVG(salary) FROM employees; 將計算員工平均薪水。

● **MAX()**：找到數值列的最大值。

例如，SELECT MAX(salary) FROM employees; 將找出最高薪水。

● **MIN()**：找到數值列的最小值。

例如，SELECT MIN(salary) FROM employees; 將找出最低薪水。

這些函數可以獨立使用，也可以與 GROUP BY 語句一起使用，對特定分組的資料執行聚合操作。在台灣，從企業到政府機關，進行資料處理時往往需要排序來輔助決策。例如，可能需要根據銷售量或績效指標來遞增或遞減排序員工或產品。接著將帶領您了解如何設定 Power Automate Desktop 流程，以執行這些排序動作，無論是按數字、字母還是日期排序，都可以快速完成。

桌面流程範例 遞增及遞減排序 .txt

在這個範例我們將透過 Power Automate Desktop 來學習如何自動化處理資料的排序問題。這項技巧在資料分析與報表製作時特別有用，因為排序是幫助我們理解資料模式、優先次序和資料結構的基本操作。

● **範例檔**：員工資料 .xlsx

	A	B	C	D	E
1	編號	姓名	年齡	部門	薪水
2	9761	王大明	45	人力資源部	92454
3	3191	陳小安	21	財務部	95730
4	5776	林心如	57	客服部	84219
5	5796	張建宏	24	研發部	58497
6	8967	李思儀	51	客服部	32678
7	6547	黃俊雄	62	行銷部	39458
8	7849	劉雅婷	64	資訊部	117239
9	8981	蔡宜芳	28	研發部	91285
10	6552	郭靜純	39	採購部	84368
11	1007	鄭婷婷	18	研發部	93196

工作表1 +

以下為桌面流程的操作流程：

根據您提供的 Power Automate 桌面動作流程檔案，以下是每個步驟的解說：

1 STEP 拖曳「變數／設定變數」動作，設定一個變數 Excel_File_Path 為 D:\
PAexample\ch08\員工資料.xlsx。這表示將要操作的 Excel 檔案路徑儲存到
這個變數中。

2 拖曳「資料庫 / 開啟 SQL 連線」動作，使用 Database.Connect 指令連接到
STEP Excel 檔案。這裡使用了 OLE DB 提供程序，並指定了檔案路徑和擴充屬性。

3 拖曳「資料庫 / 執行 SQL 陳述式」動作，執行 SQL 查詢，從「工作表 1$」
STEP 中選擇所有欄位，並依照「薪水」欄位進行遞增排序。查詢結果儲存在
QueryResult1 變數中。

4 拖曳「資料庫 / 執行 SQL 陳述式」動作，再次執行 SQL 查詢，從「工作表
STEP 1$」中選擇前 5 筆資料，並依照「薪水」欄位進行遞增排序。查詢結果儲存
在 QueryResult2 變數中。

5 拖曳「資料庫 / 執行 SQL 陳述式」動作，執行 SQL 查詢，從「工作表 1$」
STEP 中選擇所有欄位，但這次依照「薪水」欄位進行遞減排序。查詢結果儲存在
QueryResult3 變數中。

6
STEP
拖曳「資料庫 / 執行 SQL 陳述式」動作，執行 SQL 查詢，計算「工作表 1$」中「薪水」欄位的平均值，並將這個值命名為「平均薪資」。查詢結果儲存在 QueryResult4 變數中。

7
STEP
拖曳「資料庫 / 關閉 SQL 連線」動作，關閉與 Excel 檔案的資料庫連接。

執行結果：

　　請先記得將桌面流程儲存起來，本範例
執行後，各位可以在「變數」窗格看到下圖
的流程變數：

　　如果各位以滑鼠點選各個儲存查詢結果的變數，下圖為本範例的查詢結果：

QueryResult1　(資料表)

#	編號	姓名	年齡	部門	薪水
0	8967	李思儀	51	客服部	32678
1	6547	黃俊雄	62	行銷部	39458
2	5796	張建宏	24	研發部	58497
3	5776	林心如	57	客服部	84219
4	6552	郭靜純	39	採購部	84368
5	8981	蔡宜芳	28	研發部	91285
6	9761	王大明	45	人力資源部	92454
7	1007	鄭婷婷	18	研發部	93196
8	3191	陳小安	21	財務部	95730

QueryResult2　(資料表)

#	編號	姓名	年齡	部門	薪水
0	8967	李思儀	51	客服部	32678
1	6547	黃俊雄	62	行銷部	39458
2	5796	張建宏	24	研發部	58497
3	5776	林心如	57	客服部	84219
4	6552	郭靜純	39	採購部	84368

QueryResult3 （資料表）

#	編號	姓名	年齡	部門	薪水
0	7849	劉雅婷	64	資訊部	117239
1	3191	陳小安	21	財務部	95730
2	1007	鄭婷婷	18	研發部	93196
3	9761	王大明	45	人力資源部	92454
4	8981	蔡宜芳	28	研發部	91285
5	6552	郭靜純	39	採購部	84368
6	5776	林心如	57	客服部	84219
7	5796	張建宏	24	研發部	58497
8	6547	黃俊雄	62	行銷部	39458

QueryResult4 （資料表）

#	平均薪資
0	78912.4

這些步驟示範了如何使用 Power Automate 進行 Excel 檔案的資料提取和處理，包括排序和計算平均值等操作。

8-3 用 SQL 指令進行 Excel 資料處理

Excel 是辦公室常見的資料處理工具，而 SQL 指令的加入無疑提升了其功能性。本節將介紹如何使用 SQL 指令來對 Excel 中的資料進行新增、編輯、處理遺漏值和刪除等操作。

8-3-1 新增記錄

要在資料庫中新增資料，是資料處理的基本步驟之一。這裡將示範如何用 SQL 指令在 Excel 中新增記錄，進一步實現資料的自動化輸入。要在 Excel 中使用 SQL 指令來新增記錄，通常需要一個中間介面或是一個可以執行 SQL 語法的工具。在這裡，將使用 Power Automate Desktop 來示範這個過程。這不僅能夠執行 SQL 指令，還能夠自動化整個流程，使工作效率大幅提升。

8-3-2 編輯與更新記錄

隨著業務需求的變動，對現有資料進行更新是必要的。本小節將指導如何使用 SQL 指令來編輯與更新 Excel 中的記錄，確保資料的時效性和準確性。

在當今快速變化的商業環境中，有效率地處理資料變得越來越重要。不論是企業管理、市場分析，或是日常辦公室工作，資料的新增與編輯工作都扮演著關鍵角色。透過自動化工具，例如 Power Automate，我們可以大幅提升這些流程的效率與準確性。

編輯與更新 Excel 中的記錄可以透過 SQL 指令來實現，特別是當處理大量資料時，這種方法比手動更新更有效率。以下是使用 Power Automate Desktop 來自動化示範如何新增與編輯資料。

桌面流程範例 資料新增與編輯 .txt

本例將示範如何運用 Power Automate 在桌面應用程式中實現資料的自動新增與編輯。

● 範例檔：員工資料.xlsx

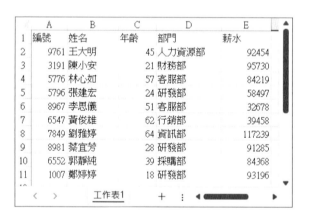

以下為桌面流程的操作流程：

以下是本範例每個桌面動作流程步驟的解說：

STEP 1 拖曳「Excel/ 啟動 Excel」動作，這個動作用於啟動並打開 Excel 應用程式。它指定了要開啟的 Excel 文件的路徑（位於 D:\PAexample\ch08\ 員工資料.xlsx）此動作將建立一個名為 ExcelInstance 的 Excel 實例。

2
STEP 拖曳「Excel/ 關閉 Excel」動作，此步驟會關閉之前打開的 Excel 文件，並將其另存為新的文件名稱。這個動作使用了先前建立的 Excel 實例（ExcelInstance）。

3
STEP 拖曳「變數 / 設定變數」動作，這一步驟設置了一個變數 Excel_File_Path，指向新保存的 Excel 文件的路徑。

拖曳「資料庫 / 開啟 SQL 連線」動作,這個動作會和 Excel 文件的資料庫建立連接,並建立了一個名為 SQLConnection 的資料庫連接實例。

 拖曳「資料庫 / 執行 SQL 陳述式」動作,此步驟執行 SQL 語句來向 Excel 文件中的特定工作表(工作表 1$)插入一條新的資料記錄。資料包括編號、姓名、年齡、部門和薪水等欄位資訊。這裡插入了編號為 1020 的員工資訊。

6 拖曳「資料庫 / 執行 SQL 陳述式」動作，這一步驟再次執行 SQL 插入命
STEP 令，添加了另一位員工（編號 2258）的資料。

7 拖曳「資料庫 / 執行 SQL 陳述式」動作，此步驟執行 SQL 更新語句，修改
STEP 特定條件（部門為'資訊部'）下的員工記錄。在這裡，它將符合條件的員
工的薪水更新為 135000。

最後一個步驟是拖曳「資料庫 / 關閉 SQL 連線」動作，關閉與 Excel 文件的
資料庫連接。這裡使用的是之前建立的 SQLConnection 連接實例。

這個流程示範了如何使用 Power Automate 操作 Excel 文件，包括打開、修改、
插入資料和保存更改，最後關閉資料庫連接。這樣的自動化流程可以大幅提升資
料處理的效率和準確性。

執行結果：

請記得將桌面流程儲存起來，本
範例執行後，各位可以在「變數」
窗格看到右圖的流程變數：

右圖為本範例經過新增兩筆資料
及一筆資料更新的最後結果：

透過這樣的自動化流程，我們可以快速且準確地更新 Excel 中的資料。

8-3-3　處理遺漏值

遺漏值的處理對於維持資料完整性相當重要。本節將介紹如何利用 SQL 指令來識別和處理 Excel 資料中的遺漏值，提高資料的品質。處理 Excel 資料中的遺漏值是資料清理過程中的一個重要環節。在 Power Automate Desktop 中，我們可以使用 SQL 指令來識別和更新這些遺漏的值。

桌面流程範例　處理遺漏值 .txt

本章將透過實際案例，示範如何運用 Power Automate 在桌面應用程式中處理遺漏值。

● 範例檔：空白值.xlsx

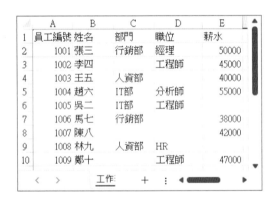

以下為桌面流程的操作流程：

以下是每個步驟的解說：

STEP 1 拖曳「Excel/ 啟動 Excel」動作，此動作用於啟動並打開 Excel 應用程式。它指定了要開啟的 Excel 文件的路徑（位於 D:\PAexample\ch08\ 空白值.xlsx），這一步會建立一個名為 ExcelInstance 的 Excel 實例。

拖曳「Excel/ 關閉 Excel」動作，這個步驟會關閉先前打開的 Excel 文件，並將其另存為新的文件檔名。這個動作使用了先前建立的 Excel 實例（ExcelInstance）。

 拖曳「變數 / 設定變數」動作，這個步驟設置了一個變數 Excel_File_Path，指向新保存的 Excel 文件的路徑。

拖曳「資料庫 / 開啟 SQL 連線」動作，此動作建立到 Excel 文件的資料庫連接。它使用 OLE DB 提供程序來連接剛剛設置路徑的 Excel 文件，並建立了一個名為 SQLConnection 的資料庫連接實例。

 拖曳「資料庫 / 執行 SQL 陳述式」動作，此步驟執行 SQL 更新語句，將 Excel 文件中工作表 1 的薪水欄位中的空白值更新為 27470。這是一個典型的遺漏值處理，對於資料中的空白值進行填充。

⑥ 拖曳「資料庫 / 執行 SQL 陳述式」動作，這一步驟再次執行 SQL 更新命
STEP 令，將工作表 1 中職位欄位的空白值更新為'外包人員'。這個步驟處理了
職位資料的空缺情況。

⑦ 拖曳「資料庫 / 執行 SQL 陳述式」動作，此步驟執行 SQL 語句，將工作表
STEP 1 中部門欄位的空白值更新為'待分發'。這是對部門資料遺漏值的一種處理
方式。

最後一個步驟是拖曳「資料庫 / 關閉 SQL 連線」動作，關閉與 Excel 文件的資料庫連接。這裡使用的是之前建立的 SQLConnection 連接實例。

　　這個流程示範了如何使用 Power Automate 處理 Excel 文件中的遺漏值，透過更新 SQL 語句來填補或更改資料中的空白部分。這樣的自動化流程可以幫助處理和維護大量資料集，特別是在需要快速修正或更新資料時。

執行結果：

　　請先記得將桌面流程儲存起來，本範例執行後，下圖為本範例經過處理遺漏值的最後結果：

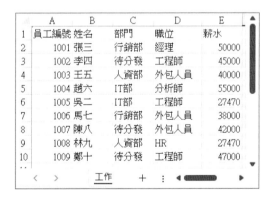

　　透過這個流程，我們可以系統性地識別和處理資料中的遺漏值，提高資料的完整性和可靠性。這種自動化方法特別適合於需要處理大量資料的情況，大大提升了工作效率和資料質量。在實際應用中，您可能需要根據資料的具體情況調整 SQL 指令和流程。

8-4 用 SQL 指令在 Excel 進行資料篩選

　　資料篩選是資料分析過程中不可或缺的一部分，它能夠幫助我們從大量資料中迅速找到所需資訊。在 Power Automate Desktop 中，我們可以結合 SQL 語言的強大篩選功能，來對 Excel 中的資料進行篩選。

8-4-1 檢查欄位沒有重複值

SQL 指令：

```
SELECT DISTINCT Salary FROM EmployeeSalaries;
```

結果：

　　列出所有不重複的薪資值。這個指令不會確定薪資是否完全唯一，但會列出所有不同的薪資值。

8-4-2 使用 IN 運算子來篩選欄位清單的資料

SQL 指令：

```
SELECT * FROM EmployeeSalaries
WHERE DepartmentID IN ('D01', 'D03');
```

結果：

　　列出部門 ID 為 'D01' 或 'D03' 的員工記錄。

8-4-3 使用 NOT 運算子來取出不符合條件的記錄資料

SQL 指令：

```
SELECT * FROM EmployeeSalaries
WHERE NOT DepartmentID = 'D02';
```

結果：

列出不屬於部門 ID 'D02' 的所有員工記錄。

8-4-4 使用 BETWEEN/AND 資料範圍運算子

SQL 指令：

```
SELECT * FROM EmployeeSalaries
WHERE Salary BETWEEN 45000 AND 65000;
```

結果：

列出薪資在 45000 至 65000 範圍內的員工記錄。

8-4-5 檢查工作表沒有重複記錄

SQL 指令：

```
SELECT EmployeeID, Name, Salary, DepartmentID, COUNT(*)
FROM EmployeeSalaries
GROUP BY EmployeeID, Name, Salary, DepartmentID
HAVING COUNT(*) > 1;
```

結果：

如果有重複記錄，它們將被顯示。如果沒有，則不會有結果回傳。

這些 SQL 指令提供了不同的資料篩選和查詢方式，有助於在處理 Excel 中的資料時進行更細緻的資料分析。

8-4-6 資料篩選桌面流程範例

桌面流程範例 資料篩選 .txt

這是一個 Power Automate 桌面動作流程，示範如何用 SQL 指令在 Excel 進行資料篩選。

● **範例檔**：薪資記錄.xlsx

	A	B	C	D
1	EmployeeID	Name	Salary	DepartmentID
2	1	李明	50000	D01
3	2	王小美	45000	D02
4	3	張偉	70000	D01
5	4	趙薇	50000	D03
6	5	陳浩	65000	D02
7	6	林婷婷	70000	D01
8	7	高偉強	45000	D03

▲ EmployeeSalaries 工作表

您可以使用這個資料集在 Excel 中進行 SQL 指令的練習，包括檢查欄位沒有重複值、檢查工作表沒有重複記錄、使用 BETWEEN/AND 資料範圍運算子、使用 IN 運算子來篩選欄位清單的資料、以及使用 NOT 運算子來取出不符合條件的記錄資料。您可以使用以下 SQL 指令來進行資料篩選：

以下為桌面流程的操作流程：

以下是本範例 Power Automate 桌面動作流程文件內容，每一個步驟的解釋：

① 拖曳「變數 / 設定變數」動作，設定 Excel 文件路徑。這一步驟設定了一個
STEP 字串變數 Excel_File_Path，用以儲存包含薪資記錄的 Excel 文件的路徑，路
徑被設定為 D:\PAexample\ch08\薪資記錄.xlsx。

② 拖曳「資料庫 / 開啟 SQL 連線」動作，建立資料庫連接。
STEP

③
STEP
拖曳「資料庫 / 執行 SQL 陳述式」動作，執行 SQL 查詢以檢查欄位沒有重複值。這一步驟使用「執行 SQL 陳述式」指令執行 SQL 查詢，查詢 EmployeeSalaries 工作表中不重複的薪資值。查詢結果被儲存於變數 QueryResult1。

④
STEP
拖曳「資料庫 / 執行 SQL 陳述式」動作，執行 SQL 查詢以使用 IN 運算子篩選欄位清單的資料。同樣使用「執行 SQL 陳述式」指令，查詢選擇部門 ID 為 'D01' 或 'D03' 的員工記錄。查詢結果被儲存於變數 QueryResult2。

5
STEP 拖曳「資料庫 / 執行 SQL 陳述式」動作，執行 SQL 查詢以使用 NOT 運算子取出不符合條件的記錄資料。再次使用相同的指令，查詢排除部門 ID 為 'D02' 的員工記錄。查詢結果被儲存於變數 QueryResult3。

6
STEP 拖曳「資料庫 / 執行 SQL 陳述式」動作，執行 SQL 查詢以使用 BETWEEN/AND 資料範圍運算子。此查詢選擇薪資介於 45000 至 65000 的員工記錄。查詢結果被儲存於變數 QueryResult4。

7 拖曳「資料庫 / 執行 SQL 陳述式」動作，執行 SQL 查詢以檢查工作表沒有
STEP 重複記錄。這一步驟執行的 SQL 查詢會對每一個員工記錄進行分組，並計
數，以找出是否有重複記錄。查詢結果被儲存於變數 QueryResult5。

8 拖曳「資料庫 / 關閉 SQL 連線」動作，關閉資料庫連接，連接參數為之前
STEP 建立的 SQLConnection。

這個流程顯示了如何在 Power Automate 桌面版中使用 SQL 語句來對 Excel 文件
中的資料進行多種篩選和分析操作。

執行結果：

　請先記得將桌面流程儲存起來，本範例執行後，各位可以在「變數」窗格看到右圖的流程變數：

　如果各位以滑鼠點選各個變數，這個變數是一個 DataTable 物件，下圖為本範例的查詢結果：

QueryResult1　(資料表)

#	Salary
0	45000
1	50000
2	65000
3	70000

QueryResult2　(資料表)

#	EmployeeID	Name	Salary	DepartmentID
0	1	李明	50000	D01
1	3	張偉	70000	D01
2	4	趙薇	50000	D03
3	6	林婷婷	70000	D01
4	7	高偉強	45000	D03

QueryResult3　(資料表)

#	EmployeeID	Name	Salary	DepartmentID
0	1	李明	50000	D01
1	3	張偉	70000	D01
2	4	趙薇	50000	D03
3	6	林婷婷	70000	D01
4	7	高偉強	45000	D03

QueryResult4　(資料表)

#	EmployeeID	Name	Salary	DepartmentID
0	1	李明	50000	D01
1	2	王小美	45000	D02
2	4	趙薇	50000	D03
3	5	陳浩	65000	D02
4	7	高偉強	45000	D03

QueryResult5　(資料表)

#	EmployeeID	Name	Salary	DepartmentID

透過這個流程範例，我們可以有效地從大量資料中篩選出我們關心的資訊，並將其保存在一個新的 Excel 檔案中，這不僅提高了工作效率，也方便了後續的資料分析和報告製作。在實際操作中，可根據需求調整 SQL 查詢條件，以滿足不同的篩選要求。

8-5 用 SQL 指令在 Excel 進行群組查詢

在 Excel 中進行群組查詢是一種強大的資料分析方法，它能夠讓我們根據特定的標準對資料進行分類並執行統計操作。這在 Power Automate Desktop 中可以透過 SQL 指令輕鬆實現。

▌8-5-1 群組查詢綜合範例一

為了練習在 Excel 中使用 SQL 指令進行群組查詢操作，我們將以下面兩個例子示範如何進行群組查詢，首先來看第一個例子：

桌面流程範例 **群組查詢 1.txt**

這是一個 Power Automate 桌面動作流程，示範如何用 SQL 指令在 Excel 進行群組查詢。

● 範例檔：銷售記錄.xlsx

	A	B	C	D
1	RecordID	ProductID	SaleAmount	SaleDate
2	1	P1	150	2023/1/1
3	2	P2	200	2023/1/1
4	3	P1	120	2023/1/2
5	4	P3	180	2023/1/2
6	5	P2	250	2023/1/3
7	6	P1	200	2023/1/3

▲ SalesRecords 工作表

假設您想要根據 ProductID 對銷售記錄進行分組，並計算每個產品的總銷售額。您可以使用以下 SQL 指令來進行群組查詢：

以下為桌面流程的操作流程：

這個流程示範了如何在 Power Automate 桌面版中使用 SQL 語句來進行群組查詢。透過這種方式，可以有效地進行資料聚合和分組分析。

STEP 1 拖曳「變數 / 設定變數」動作，設定 Excel 文件的路徑。在這一步中，我們設定了一個字串變數 Excel_File_Path，用來存儲包含銷售記錄的 Excel 文件的路徑。該路徑被設定為 D:\PAexample\ch08\銷售記錄.xlsx。

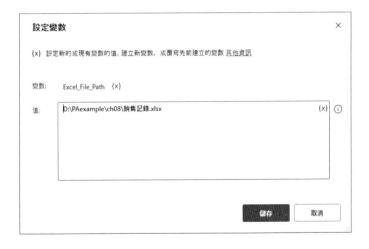

2
STEP
拖曳「資料庫 / 開啟 SQL 連線」動作，建立資料庫連接。使用「開啟 SQL」指令來建立與 Excel 文件的連接。這一步驟中，連接資訊被保存在變數 SQLConnection 中。

3
STEP
拖曳「資料庫 / 執行 SQL 陳述式」動作，執行 SQL 群組查詢。這一步使用「執行 SQL 陳述式」指令來執行 SQL 查詢。該查詢從 SalesRecords 工作表中選擇產品 ID 和銷售額，並使用 SUM 函數來計算每個產品的總銷售額。查詢中使用了 GROUP BY 語句來按產品 ID 進行分組。查詢結果被保存在 QueryResult 變數中。

拖曳「資料庫 / 關閉 SQL 連線」動作，關閉資料庫連接。這裡指定的連接
參數為之前建立的 SQLConnection。

　　這個練習可以幫助您學習如何在 Excel 中使用 SQL 進行資料分析和統計操作，
特別是當涉及到分組和聚合資料時。這是在資料分析中一個非常實用的技巧。

執行結果：

　　請記得將桌面流程儲存起來，本範例執行後，各位可以在「變數」窗格看到下
圖的流程變數：

　　如果各位以滑鼠點選「QueryResult」變數，這個變數是一個 DataTable 物件，
下圖為本範例的查詢結果：

QueryResult	(資料表)	
#	ProductID	TotalSales
0	P1	470
1	P2	450
2	P3	180

8-5-2 群組查詢綜合範例二

我們再來看另一個群組查詢的例子。這次我們將使用一個「員工工時記錄」的資料集，來示範如何使用 SQL 在 Excel 中進行群組查詢。

桌面流程範例 群組查詢 2.txt

這是一個 Power Automate 桌面動作流程，示範如何用 SQL 指令在 Excel 進行聯集查詢。

● **範例檔**：員工工時記錄.xlsx

	A	B	C	D
1	EmployeeID	DepartmentID	HoursWorked	WorkDate
2	E01	D01	8	2023/1/1
3	E02	D02	6	2023/1/1
4	E01	D01	9	2023/1/2
5	E03	D03	7	2023/1/2
6	E02	D02	8	2023/1/3
7	E01	D01	5	2023/1/3

▲ EmployeeHours 工作表

假設您想要根據 DepartmentID 對員工工時記錄進行分組，並計算每個部門的總工作小時。您可以使用以下 SQL 指令來進行群組查詢：

以下為桌面流程的操作流程：

這個 Power Automate 桌面動作流程文件中的每一列指令代表了在使用 SQL 進行群組查詢操作的過程中的一個關鍵步驟。

1
STEP
拖曳「變數 / 設定變數」動作，設定 Excel 文件的路徑。在這一步中，我們設定了一個字串變數 Excel_File_Path，用來存儲包含員工工時記錄的 Excel 文件的路徑。該路徑被設定為 D:\PAexample\ch08\員工工時記錄.xlsx。

2
STEP
拖曳「資料庫 / 開啟 SQL 連線」動作，建立資料庫連接。使用「開啟 SQL 連線」指令來建立與 Excel 文件的連接。這一步驟中，連接資訊被保存在變數 SQLConnection 中。

3
STEP
拖曳「資料庫 / 執行 SQL 陳述式」動作，執行 SQL 群組查詢。這一步使用「執行 SQL 陳述式」指令來執行 SQL 查詢。該查詢從 EmployeeHours 工

作表中選擇部門 ID 和工時，並使用 SUM 函數來計算每個部門的總工作小時。查詢中使用了 GROUP BY 語句來按部門 ID 進行分組。查詢結果被保存在 QueryResult 變數中。

④
STEP 拖曳「資料庫 / 關閉 SQL 連線」動作，關閉資料庫連接。這裡指定的連接參數為之前建立的 SQLConnection。

這個流程示範了如何在 Power Automate 桌面版中使用 SQL 語句來進行群組查詢，特別是涉及到從 Excel 文件中獲取和分析資料的場景。透過這種方式，可以有效地進行資料聚合和分組分析。

執行結果：

請記得將桌面流程儲存起來，本範例執行後，各位可以在「變數」窗格看到下圖的流程變數：

如果各位以滑鼠點選「QueryResult」變數，這個變數是一個 DataTable 物件，下圖為本範例的查詢結果：

QueryResult　(資料表)

#	DepartmentID	TotalHours
0	D01	22
1	D02	14
2	D03	7

透過這個流程，我們能夠對 Excel 中的資料進行分類統計，這對於理解銷售趨勢、客戶行為等方面非常有幫助。在實際操作中，我們可以根據不同的需求調整 SQL 查詢條件，進行更複雜的群組查詢和分析。

8-6 用 SQL 指令在 Excel 進行子查詢

在 Excel 中利用 SQL 執行子查詢可以幫助我們執行更為複雜的資料分析任務。例如，我們可能想要找出所有銷售額高於特定客戶平均銷售額的記錄。這種查詢在 Power Automate Desktop 中可以透過結合 SQL 的子查詢實現。

桌面流程範例 子查詢 .txt

這是一個 Power Automate 桌面動作流程，示範如何用 SQL 指令在 Excel 進行子查詢。

● 範例檔：子查詢.xlsx

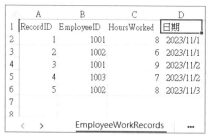

▲ EmployeeWorkRecords 工作表

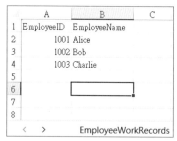

▲ Employees 工作表

以下為桌面流程的操作流程：

這個 Power Automate 桌面動作流程的每一個步驟都代表了在使用 SQL 進行子查詢操作的過程中的一個關鍵階段。以下是每一個步驟的解釋：

1 拖曳「變數 / 設定變數」動作，設定 Excel 文件的路徑。在這一步中，我們
STEP 設定了一個字串變數 Excel_File_Path，用來存儲包含員工工作紀錄和員工基本資訊的 Excel 文件的路徑。該路徑被設定為 D:\PAexample\ch08\子查詢.xlsx。

2 拖曳「資料庫 / 開啟 SQL 連線」動作，建立資料庫連接。使用「開啟 SQL
STEP 連線」指令來建立與 Excel 文件的連接。這裡使用了 Microsoft ACE OLE DB 提供者，並且指定了資料源為之前設定的 Excel 文件路徑。連接參數中包括了文件路徑、文件類型和表頭資訊。這一步驟中，連接資訊被保存在變數 SQLConnection 中。

拖曳「資料庫 / 執行 SQL 陳述式」動作，執行 SQL 子查詢。該查詢從
Employees 工作表中選擇員工姓名，且僅限於那些在「EmployeeWorkRecords」
工作表中的「HoursWorked」大於 7 的員工 ID。這裡使用子查詢來過濾出符
合條件的員工 ID，然後從主查詢中選擇對應的員工姓名。查詢結果被保存
在 QueryResult 變數中。

 拖曳「資料庫 / 關閉 SQL 連線」動作，關閉資料庫連接。這裡指定的連接
參數為之前建立的 SQLConnection。

這個流程示範了如何在 Power Automate 桌面版中使用 SQL 語句來進行子查詢。透過這種方式，可以有效地過濾並獲取特定條件下的資料。

執行結果：

請記得將桌面流程儲存起來，本範例執行後，各位可以在「變數」窗格看到下圖的流程變數：

如果各位以滑鼠點選「QueryResult」變數，這個變數是一個 DataTable 物件，下圖為本範例的查詢結果：

透過這個流程，我們可以對資料執行複雜的分析，找出具有特定條件的記錄。子查詢特別適用於需要在同一資料集中進行多層次篩選的情況。在實際操作中，子查詢可以根據具體的資料和需求進行調整，以執行各種複雜的資料分析任務。

8-7 用 SQL 指令在 Excel 進行聯集查詢

聯集查詢（Union Query）是將兩個或多個查詢結果合併為單一結果資料集的過程。在 Excel 中進行聯集查詢可以透過 Power Automate Desktop 的 SQL 功能來實現，特別是當我們需要合併來自不同工作表或相同工作表的不同條件下的資料時。

桌面流程範例 聯集查詢 .txt

這是一個 Power Automate 桌面動作流程，示範如何用 SQL 指令在 Excel 進行聯集查詢。

● **範例檔：聯集查詢 .xlsx**

為了練習在 Excel 中使用 SQL 指令進行聯集（Union）查詢，我將提供兩個資料集的範例，並示範如何進行聯集查詢。

	A	B	C	D
1	RecordID	EmployeeID	ProjectID	HoursWorked
2	1	1001	P101	8
3	2	1002	P102	6
4	3	1001	P103	9

	A	B	C	D
1	RecordID	EmployeeID	ProjectID	HoursWorked
2	4	1003	P101	7
3	5	1002	P104	8
4	6	1004	P102	5

▲ EmployeeWorkRecordsA 工作表　　　　▲ EmployeeWorkRecordsB 工作表

這個練習可以幫助您了解如何在 Excel 中使用 SQL 進行資料合併，特別是當涉及到處理多個類似結構的資料集時。這是在資料分析和處理中一個非常實用的技巧。

以下為桌面流程的操作流程：

這個 Power Automate 桌面動作流程的每一個步驟代表了如何在使用 SQL 進行聯集查詢操作的過程中的一個關鍵階段。以下是每一個步驟的解釋：

STEP 1 拖曳「變數 / 設定變數」動作，設定 Excel 文件的路徑。在這一步中，我們設定了一個字串變數 Excel_File_Path，用來存儲包含兩個員工工作紀錄表的 Excel 文件的路徑。該路徑被設定為 D:\PAexample\ch08\聯集查詢.xlsx。

STEP 2 拖曳「資料庫 / 開啟 SQL 連線」動作，建立資料庫連接。這裡使用了 Microsoft ACE OLE DB 提供者，並且指定了資料源為之前設定的 Excel 文件路徑。連接參數中包括了文件路徑、文件類型和表頭資訊。這一步驟中，連接資訊被保存在變數 SQLConnection 中。

③
STEP
拖曳「資料庫/執行 SQL 陳述式」動作，執行 SQL 聯集查詢。這一步使用「執行 SQL 陳述式」指令來執行 SQL 查詢。該查詢從兩個不同的表格中選擇員工 ID、項目 ID 和工作小時，分別為 EmployeeWorkRecordsA 和 EmployeeWorkRecordsB。UNION 語句被用來合併這兩個選擇的結果集，並自動去除重複的行。查詢結果被保存在 QueryResult 變數中。

④
STEP
拖曳「資料庫/關閉 SQL 連線」動作，關閉資料庫連接。這裡指定的連接參數為之前建立的 SQLConnection。

這個流程示範了如何在 Power Automate 桌面版中使用 SQL 語句來進行聯集查詢，透過這種方式，可以有效地合併並處理來自不同資料源的相似資料。

執行結果：

請先記得將桌面流程儲存起來，本範例執行後，各位可以在「變數」窗格看到下圖的流程變數：

如果各位以滑鼠點選「QueryResult」變數，這個變數是一個 DataTable 物件，下圖為本範例的查詢結果：

QueryResult　（資料表）

#	EmployeeID	ProjectID	HoursWorked
0	1001	P101	8
1	1001	P103	9
2	1002	P102	6
3	1002	P104	8
4	1003	P101	7
5	1004	P102	5

透過聯集查詢，我們可以輕鬆合併不同時間範圍或條件下的資料。在實際應用中，根據具體需求，我們可以選擇 UNION ALL 來包括所有重複的記錄，或者只用 UNION 來排除重複的記錄。

8-8 用 SQL 指令在 Excel 進行 INNER JOIN 合併查詢

在 Excel 中使用 SQL 指令進行 INNER JOIN 操作可以讓我們將不同工作表中相關聯的資料合併起來,這對於需要對相關資料進行組合和比較分析的情況特別有用。

桌面流程範例 INNER JOIN.txt

這是一個 Power Automate 桌面動作流程,用於示範如何用 SQL 指令在 Excel 進行 INNER JOIN 合併查詢。

● 範例檔:員工及部門.xlsx

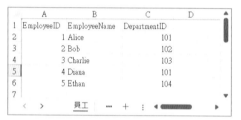

▲ 員工工作表

▲ 部門工作表

以下為桌面流程的操作流程:

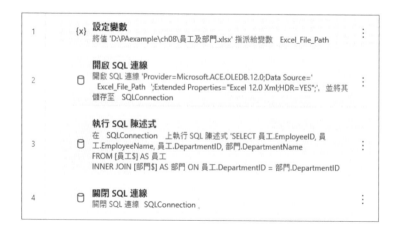

STEP 1 拖曳「變數 / 設定變數」動作,設定 Excel 文件的路徑。這一步將一個字串變數 Excel_File_Path 設置為指向包含員工和部門資料的 Excel 文件的路徑,這裡的路徑是 D:\PAexample\ch08\員工及部門.xlsx。

STEP 2 拖曳「資料庫 / 開啟 SQL 連線」動作,連接到資料庫。這裡使用了 Microsoft 的 ACE OLE DB 提供者,並且指定了資料源為剛剛設定的 Excel 文件路徑。連接參數中包含了文件的路徑、文件類型和表頭資訊。這一步將建立的連接存儲在 SQLConnection 變數中。

3 拖曳「資料庫 / 執行 SQL 陳述式」動作，執行 SQL 查詢。這一步使用「執
STEP 行 SQL 陳述式」指令來執行 SQL 查詢。這個查詢選擇了「員工」工作表
的 EmployeeID、EmployeeName、DepartmentID，以及「部門」工作表的
DepartmentName。這裡使用了 INNER JOIN 語句來聯結這兩個資料表，聯
結的條件是「員工」表中的 DepartmentID 與「部門」表中的 DepartmentID
相同。查詢結果被存儲在 QueryResult 變數中。

4 拖曳「資料庫 / 關閉 SQL 連線」動作，關閉資料庫連接，連接參數為
STEP SQLConnection。

這個流程顯示了如何在 Power Automate 桌面版中使用 SQL 語句來操作 Excel 文件,並利用 SQL 指令在 Excel 進行 INNER JOIN 合併查詢

執行結果:

請先記得將桌面流程儲存起來,本範例執行後,各位可以在「變數」窗格看到下圖的流程變數:

如果各位以滑鼠點選「QueryResult」變數,這個變數是一個 DataTable 物件,下圖為本範例的查詢結果:

QueryResult　(資料表)

#	EmployeeID	EmployeeName	DepartmentID	DepartmentName
0	4	Diana	101	Human Resources
1	1	Alice	101	Human Resources
2	2	Bob	102	Marketing
3	3	Charlie	103	Information Technology
4	5	Ethan	104	Customer Service

透過這個流程,我們可以將來自不同工作表的相關資料有效合併,這對於客戶關係管理、銷售分析等多種業務情境都非常有用。在實際應用中,請根據具體的資料結構和業務需求,可以進行相應的 SQL 查詢調整。

NOTE

第 **9** 章

生活應用自動化實例

在這個快節奏的世界中，自動化已經成為提升個人效率和生活質量的關鍵。Power Automate 不僅能夠用於企業級的工作流程自動化，它也可以應用於我們日常生活中的各種場景。本章將透過一系列的實例，展示如何運用 Power Automate 來自動化常見的 Windows 應用程式操作、資料擷取、文件處理，乃至於社交媒體互動，從而提升我們的工作與生活效率。

9-1 自動化操控 Windows 應用程式

在這個小節中，我們將學習如何利用 Power Automate 來自動化日常的 Windows 應用程式操作。這包括了開啟應用程式、執行特定任務以及管理應用程式的各種活動，讓重複的任務變得簡單而自動化。

桌面流程範例 自動化操作 Windows 應用程式 .txt

這個例子我們將學習如何使用 Power Automate 的「UI 元素」來自動化操作 Windows 內建應用程式 - 記事本。我們會透過一個簡單的例子，示範如何開啟記事本，接著執行「說明 / 關於記事本」啟動下圖視窗：

再自動按下「確定」鈕關閉這個視窗。接著執行「檔案 / 結束」指令，將記事本程式主動關掉。以下為桌面流程的操作流程：

1	▷	**執行應用程式** 執行具引數 的應用程式 'C:\Windows\System32\notepad.exe' 並將其程序識別碼儲存至 AppProcessId
2	☰	**選取視窗中的功能表選項** 選取選項 MenuItem: 說明 → 關於記事本(A)
3	⚲	**按一下視窗中的 UI 元素** 按一下 UI 元素 Button '確定'
4	☰	**選取視窗中的功能表選項** 選取選項 MenuItem: 檔案(F) → 結束(X)

1 拖曳「系統 / 執行應用程式」動作，進入下圖視窗，請設定應用程式的路
STEP 徑，如下圖所示：

2 拖曳「使用者介面自動化 / 選取視窗中的功能表選項」動作，按「UI 元
STEP 素」旁的下拉式表單中，按下「新增 UI 元素」：

移動到記事本的「説明 / 關於記事本」功能選單，同時按 Ctrl 鍵 +「關於記事本」，以選取該功能表選項：

之後在「UI 元素」選定剛才加入的功能選項：

③ STEP 拖曳「使用者介面自動化 / 按一下視窗中的 UI 元素」動作，接著按下圖中的「新增 UI 元素」

開啟「關於記事本」視窗，同時按 Ctrl 鍵 +「確定」鈕，以選取該 UI 元素：

之後在「UI 元素」選定剛才加入的「確定」鈕 UI 元素：

STEP 4 拖曳「使用者介面自動化 / 選取視窗中的功能表選項」動作，按「UI 元素」旁的下拉式表單中，按下「新增 UI 元素」：

同時按 Ctrl 鍵 + 檔案功能中的「結束」選項，以選取該功能表選項：

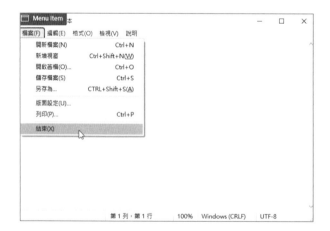

之後在「UI 元素」選定剛才加入的功能選項：

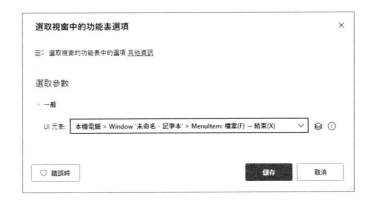

最後將桌面動作流程進行儲存。

執行結果：

各位就會發現，系統會先自動啟動「記事本」Windows 應用程式：

接著執行「說明 / 關於記事本」指令：

然後出現「關於記事本」視窗，會再自己按下「確定」鈕：

最後則執行「檔案／結束」指令將記事本關閉。

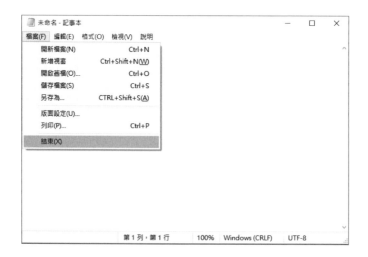

　　完成這個「自動化操作 Windows 應用程式」的桌面動作流程。下圖為本範例的完整流程。

1	▷	**執行應用程式** 執行具引數 的應用程式 'C:\Windows\System32\notepad.exe' 並將其程序識別 碼儲存至　AppProcessId
2	≡	**選取視窗中的功能表選項** 選取選項 MenuItem: 說明 → 關於記事本(A)
3	※	**按一下視窗中的 UI 元素** 按一下 UI 元素 Button '確定'
4	≡	**選取視窗中的功能表選項** 選取選項 MenuItem: 檔案(F) → 結束(X)

透過上述步驟，我們成功地示範了如何使用 Power Automate Desktop 的 UI 自動化功能來控制 Windows 應用程式。這種方式不僅可以應用於記事本，還可以用於其他許多應用程式，如 Excel、Word 等，大大提高工作效率並降低重複工作的繁瑣感。

在進行這類自動化時，重要的是要確保所有 UI 元素的選擇器都是準確的，這樣才能保證流程的穩定運行。

9-2　自動化操作 OCR 文字識別

在這一節中，我們將探索如何利用 Power Automate Desktop 的 OCR 功能來識別圖片中的文字並提取出來。這項技術對於處理掃描文件檔、圖片中的文字或者螢幕截圖特別有用。以下是一個具體的操作範例，展示了如何將圖片文件中的文字使用 OCR 技術識別出來並儲存到一個變數中。

桌面流程範例 OCR 文字辨識 .txt

使用 OCR 技術識別圖片文件中的文字並將結果儲存到指定變數。

● 範例檔：員工資料.xlsx

Power Automate OCR

文字辨識功能測試

以下為桌面流程的操作流程：

這個 Power Automate 桌面動作流程包含了兩個步驟，每一步都是使用 OCR 技術來從圖片中提取文字。以下是這兩個步驟的解釋：

拖曳「OCR/ 使用 OCR 擷取文字」動作，在這一步，系統會從一個位於 D:\PAexample\ch09\mages\ 英文字 .jpg 的檔案中提取文字。這個步驟使用的是 Windows 的 OCR 技術，並且設定語言為繁體中文。圖像的寬度和高度乘數被設定為 1，這意味著在進行文字識別時，將使用原始圖像大小。識別出的文字將被儲存到變數 OcrText 中。

拖曳「OCR/ 使用 OCR 擷取文字」動作，使用相同的 OCR 技術，但這次是從位於 D:\PAexample\ch09\images\ 中文字 .jpg 的中文圖片檔案中提取文字。這個步驟使用的是 Windows 的 OCR 技術，並且設定語言為繁體中文。但這次圖片寬度和高度的乘數被設定為 2。提取出的文字儲存到另一個變數 OcrText2。

執行結果：

請先記得將桌面流程儲存起來，本範例執行後，各位可以在「變數」窗格看到流程變數。

如果要查看各變數的清單項目，只要雙擊該變數名稱即可。

桌面流程範例 OCR 辨識區域 .txt

使用 OCR 技術識別圖片文件中指定範圍的區域並將結果儲存到指定變數。

● 範例檔：員工資料.xlsx

以下為桌面流程的操作流程：

	使用 OCR 擷取文字
1	使用 Windows OCR 引擎從檔案 'D:\PAexample\ch09\images\adulation.jpg' 的一個區域將文字擷取至 OcrText

這個 Power Automate 桌面動作流程包含的步驟如下：

 拖曳「OCR/ 使用 OCR 擷取文字」動作，此步驟涉及使用 OCR（光學字元識別）技術從特定文件中提取文字。指令使用 Windows OCR 工具，並設定語言為繁體中文。它指定了一個圖片文件的路徑（D:\PAexample\ch09\images\adulation.jpg）。並設定了圖片的寬度和高度乘數為 1。定義了圖片中要進行 OCR 的區域，透過 X1、Y1（起始點）和 X2、Y2（結束點）座標來界定。從這個區域中提取的文字將被儲存到變數 OcrText 中。

　　上圖中要設定子區域範圍的 X、Y 座標，可以藉助 Windows 的小畫家軟體來查看所要擷取區域的座標值，如下圖所示：

執行結果：

　　請先記得將桌面流程儲存起來，本範例執行後，各位可以在「變數」窗格看到流程變數。

　　如果要查看各變數的清單項目，只要雙擊該變數名稱即可。

　　使用 Power Automate Desktop 的 OCR 功能，我們可以輕鬆地從圖片中提取文字，這對於自動化文件處理、資料擷取和資料整理等任務非常有幫助。透過這些步驟，即使是非結構化的資料也能被轉換為可用的數位格式，從而提升工作效率和資料利用率。在進行 OCR 識別時，可能需要考慮到不同語言和字體的識別能力，以及圖片清晰度對識別結果的影響，這些因素都可能需要在流程設計時加以考慮。

9-3 桌面流程的「PDF」的分類動作

　　PDF 文件在日常工作中無處不在，能夠有效地管理 PDF 文件將大大提升工作效率。本節將介紹如何使用 Power Automate 來執行各種 PDF 相關的自動化任務，包括擷取內容和文件管理。

　　您可以使用 Power Automate 中的 PDF 分類動作來從 PDF 文件中提取圖像、文字和表格，以及排列頁面以建立新的文件。以下是 PDF 分類動作的所有功能：

> ∨ PDF
> 　　📄 從 PDF 擷取文字
> 　　📄 從 PDF 擷取資料表
> 　　📄 從 PDF 擷取影像
> 　　📄 將 PDF 檔案中的頁面擷取至新的 PDF 檔案
> 　　📄 合併 PDF 檔案

- **從 PDF 擷取文字**：此動作允許您從 PDF 文件中提取文件，您可以指定要提取的頁面範圍，並在需要時輸入文件的密碼。此動作還提供了一個選項，用於優化結構化資料的提取。

- **從 PDF 擷取資料表**：使用此動作，您可以從 PDF 文件中提取表格資料。它不使用光學字元識別（OCR），因此無法提取掃描的 PDF 中的非可複製文件。此動作還允許您設定是否合併跨頁面的表格，以及是否將第一行視為列名。

- **從 PDF 擷取影像**：這個動作使您能夠從 PDF 文件中提取圖像，並將它們儲存到指定的文件夾中。您可以定義要從哪些頁面提取圖像，以及如何命名這些圖像。

- **將 PDF 檔案中的頁面擷取至新的 PDF 檔案**：使用此動作，您可以從現有的 PDF 文件中提取特定頁面，並創建一個新的 PDF 文件。您可以指定要提取的頁面，以及新 PDF 文件的儲存位置。

● 合併 PDF 檔案：此動作允許您將兩個或多個 PDF 文件合併成一個新文件。您可以提供文件列表或使用分隔符分隔的文件名，還可以為受密碼保護的 PDF 文件提供密碼。

這些動作為處理 PDF 文件提供了廣泛的功能，從基本的文件和圖像提取到更複雜的文件合併和頁面提取。

9-3-1 擷取 PDF 文字、資料表與影像

在這一小節裡，我們將使用 Power Automate Desktop 來展示如何從 PDF 文件中擷取文字、資料表和影像。這對於需要處理大量 PDF 文件的資料整理和分析工作尤為重要。以下是一個具體的操作範例。

桌面流程範例 **擷取 PDF.txt**

這是一個用於從 PDF 文件中提取資料的 Power Automate 桌面動作流程。

● 範例檔：人數統計 .pdf

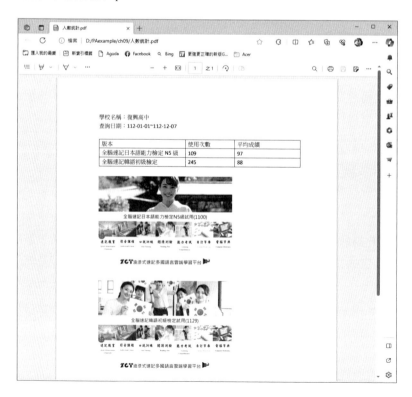

以下為桌面流程的操作流程：

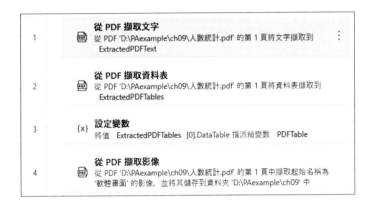

這個 Power Automate 桌面動作流程包含了四個步驟，以下是這些步驟的解釋：

1 STEP 從 PDF 文件中提取文件。拖曳「PDF/ 從 PDF 擷取文字」動作，指定 PDF
文件（位於 D:\PAexample\ch09\人數統計.pdf），從第 1 頁提取文件，再將
提取的文件儲存到變數 ExtractedPDFText。

2 從 PDF 文件中提取表格。拖曳「PDF/ 從 PDF 擷取資料表」動作,同樣針
STEP 對 D:\PAexample\ch09\人數統計.pdf 的第 1 頁,允許多頁表格,並將第一行
設為表頭。提取的表格儲存到變數 ExtractedPDFTables。

3 設置 PDF 表格資料。拖曳「變數 / 設定變數」動作,將 ExtractedPDFTables
STEP 中的第一個表格的 i 資料表分配給變數 PDFTable。

STEP 4 從 PDF 中提取圖像。拖曳「PDF/ 從 PDF 擷取影像」動作,從 D:\PAexample\ch09\人數統計.pdf 的第 1 頁提取圖像,圖像名稱設定為「軟體畫面」,儲存到指定的資料夾 D:\PAexample\ch09。

執行結果:

請先記得將桌面流程儲存起來,本範例執行後,各位可以在「變數」窗格看到流程變數。

如果要查看各變數的清單項目,只要雙擊該變數名稱即可。

變數值

PDFTable　(資料表)

#	版本	使用次數	平均成績
0	全腦速記日本語能力檢定N5級	109	97
1	全腦速記韓語初級檢定	245	88

在 D:\PAexample\ch09 所儲存的資料夾，就可以看到所擷取的圖像。

透過這個流程，我們可以自動從 PDF 文件中擷取所需的資訊，並便於後續的文件處理或資料分析工作。這種自動化操作不僅提高了效率，同時也降低了人工操作的錯誤率。在進行 PDF 擷取工作時，我們可能會遇到不同的挑戰，比如 PDF 文件的不同格式或是含有複雜版面的文件，這時候可能需要進行相應的設定調整，以確保準確擷取資訊。此外，對於擷取過程中的異常處理也是必不可少的一步，以保證自動化流程的穩健性。

9-3-2 分割 PDF 檔案的頁面

在處理大量 PDF 文件時,分割和合併文件頁面的需求時常出現。本節將示範如何設定自動化流程來執行這些操作,從而優化文件管理。

桌面流程範例 分割 PDF.txt

這是一個用於從 PDF 文件中提取資料的 Power Automate 桌面動作流程。

● 範例檔:授權說明 .pdf

以下為桌面流程的操作流程：

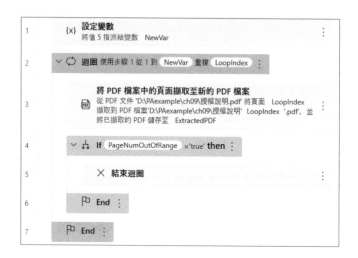

這個流程主要用於從 PDF 文件中分割出特定頁面，並將每頁分別儲存為獨立的 PDF 檔案。如果提取的頁面數超出原始文件的範圍，流程將終止迴圈。以下是這步驟的解釋：

1
STEP 拖曳「變數 / 設定變數」動作，設定一個變數 NewVar 的值為 5。這是設定迴圈執行的次數。

2
STEP 拖曳「迴圈 / 迴圈」動作，開始一個從 1 到 NewVar（即 5）的迴圈，每次迴圈增加 1。這表示將對每個迴圈索引值執行特定操作。

STEP 3　在迴圈內，拖曳「PDF/ 將 PDF 檔案中的頁面擷取至新的 PDF 檔案」動作，從 D:\PAexample\ch09\授權說明.pdf 提取特定頁面，並將其儲存到 D:\PAexample\ch09\ 授權說明 %LoopIndex%.pdf，如果檔案已存在則覆蓋它。

STEP 4 ~ STEP 6　拖曳「條件 /If」動作，如果出現「頁面超出範圍」的錯誤，設定一個變數 PageNumOutOfRange 為 true。如果 PageNumOutOfRange 等於 true，則退出迴圈。

執行結果：

　　執行前請先記得將桌面流程儲存起來，本範例執行後，各位可以指定資料夾位置看到已分割好的 PDF 檔案，如下圖所示：

9-3-3 合併 PDF 檔案的頁面

　　以下流程主要用於將一個資料夾中的所有 PDF 檔案合併成一個單一的 PDF 檔案。

桌面流程範例 合併 PDF.txt

步驟 1 中的設定確保了僅處理特定資料夾中的 PDF 檔案，並且步驟 2 將這些檔案合併為一個完整的文件。

以下為桌面流程的操作流程：

以下是 Power Automate 桌面動作流程步驟的解說：

1
STEP
拖曳「資料夾 / 取得資料夾中的檔案」動作，從指定路徑（ D:\PAexample\ch09\PDF 合併 (原始檔案)）獲取所有 PDF 檔案。這裡設定了不包括子資料夾、存取被拒絕時失敗，並按完整檔案名稱遞減排序。

2
STEP
拖曳「PDF/ 合併 PDF 檔案」動作，將步驟 1 中獲取的所有 PDF 檔案合併成一個 PDF。合併後的 PDF 將儲存於 D:\PAexample\ch09\ 授權說明 (合併檔案).pdf，若檔案已存在則覆蓋。

執行結果：

　執行前請先記得將桌面流程儲存起來，本範例執行後，各位可以指定資料夾位置看到已合併好的 PDF 檔案，如下圖所示：

如果各位有興趣研究 Power Automate 更多的「PDF 自動化」的桌面流程範例，建議各位可以參考 Power Automate 所提供的桌面流程範例，如下圖所示：

9-4 將 Word 檔自動轉換成 PDF

在這個章節我們將深入探討如何用 Power Automate 自動化轉換文件的過程。這對於經常需要處理大量文件的朋友來說，絕對是個大幫手。不論是業務報告、學術論文，或是日常辦公的文件處理，將 Word 轉成 PDF 都是很常見而且重要的需求。透過這節的學習，我們將教您如何設定這個流程，提高工作效率，並確保文件格式和品質都保持在最佳狀態。這樣不僅能節省您的時間，也能讓您的工作更專業。

桌面流程範例 **Word 轉 PDF.txt**

這是一個用於將 Word 檔自動轉換成 PDF 的 Power Automate 桌面動作流程。

以下為桌面流程的操作流程：

以下是各步驟的解釋：

(1)
STEP
利用「顯示訊息」秀出「請先按確定鈕關閉對話視窗，並先用檔案總管開啟要轉檔的資料夾所在位置」。在執行過程中會跳出下圖視窗：

請按「確定」鈕，並先利用 Windows 的「檔案總管」開啟要將指定 Word 檔轉換成 PDF 檔案的所在位置資料夾。如下圖所示：

②
STEP
拖曳「流程控制 / 等候」動作，加入等候 10 秒的動作。

③
STEP
加入「訊息方塊 / 顯示訊息」動作，秀出「請按下確定鈕，開始進行將 WORD 另存成 PDF 的轉檔工作」，在本範例執行過程中會跳出下圖視窗：

按下「確定」鈕後，就會開啟進行將這個資料夾中的「博碩_Power Automate_大綱.docx」轉換成「博碩_Power Automate_大綱.pdf」的自動化操作流程。接下來的步驟 4 到步驟 11 是使用自動錄製程式自動產生的動作，這些動作就是利用「錄製程式」功能將指定的 Word 檔案開啟，再執行「檔案/另存新檔」的方式轉存成 PDF 文件的操作流程。底下筆者示範完整的錄製過程：

 首先請選按動作流程步驟 3，之後錄製程式所錄製的動作所自動產生的動作會從這裡接續，即步驟 4 開始產生新動作。

接著請在上圖工具列按「錄製程式」鈕，接著流程設計畫面會自行縮小化，並會產生如下圖的「錄製程式」視窗。

接著請於檔案總管開啟本書建議放置在 D 硬碟 \PAexample\ch09 資料夾，準備錄製轉檔成 PDF 的操作過程。

接著在「錄製程式」視窗按下「記錄」鈕開始錄製將 Word 檔案以另存新檔的方式轉存成 PDF 格式的檔案文件的操作過程。當開始錄製時，移動滑鼠指標時會出現紅色擷取框，在錄製的過程中，紅色的擷取框上方會顯示 UI 元素的類型，例如下圖的「Edit」，一旦使用者選按或輸入時，紅色的擷取框上方就會出現「等候動作」表示正在等後這個操作動作的步驟完成，接著才可以繼續執行下一個操作，以確保這個動作可以順利被錄製成功。

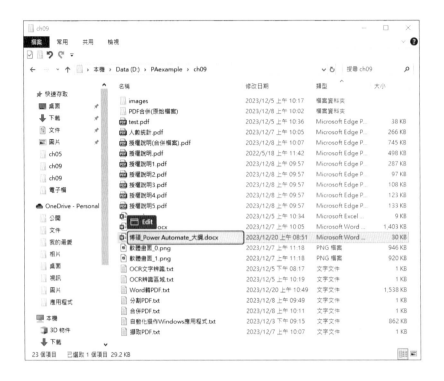

接著請將滑鼠指標移到「博碩_Power Automate_大綱.docx」，並連按兩下滑鼠左鍵以開啟該 Word 文件，這個時候「錄製程式」視窗會同時新增「按一下視窗中的元素」動作。接著再於開啟的 Word 文件選按「檔案」索引標籤，並按「另存新檔」，再選按「這台電腦」，設定為「PDF」存檔類型，最後按下「儲存」鈕。

　　當錄製工作操作完成後，回到「錄製程式」視窗，在這個視窗中會顯示從開啟 Word 文件檔案到另存成 PDF 文件檔案所有過程的動作，最後請按下「完成」鈕結束錄製。

接著各位可以回到流程設計畫面，會看到流程動作 3 之後接續的動作，都是由「錄製程式」自動產生的流程動作，其中步驟 4 及步驟 11 分別以註解的方式說明了「使用錄製程式開始自動產生的動作」及「使用錄製程式結束自動產生動作」。

執行結果：

執行前請先記得將桌面流程儲存起來，本範例執行後，會陸續看到兩個訊息方塊，如下面說明：

按下「確定」鈕後，等 10 秒後，又會出現另外一個訊息方塊。

再按下「確定」鈕就會開啟自動化操作將 Word 文件檔案轉存成 PDF 文件檔案，完成本範例的所有操作流程動作後，就會看到同一資料夾內已多出一個「博碩 _Power Automate_ 大綱 .pdf」檔案，如下圖所示：

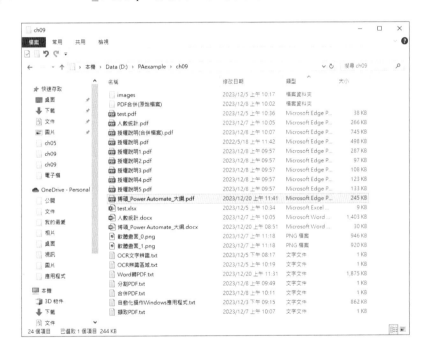

9-5 LINE 自動化群發訊息

社交媒體是現代生活的一部分，能夠自動化發送訊息將節省大量時間。這一節將探討如何使用 Power Automate 來設定 LINE 群發訊息的自動化，無論是推廣資訊還是團隊通知，都能夠快速且精確地傳達。

9-5-1 LINE Notify 免費推播服務功能簡介

要達到 LINE 群發訊息自動化這項工作，我們可以藉助 LINE Notify 免費推播服務的功能，它是一項提供使用者和應用程式透過 LINE 進行通訊的服務。以下是其主要功能的簡介：

- **即時通知**：使用者可以接收來自各種應用程式和服務的即時通知。這對於需要及時獲得更新或警告的場景非常有用。
- **多樣化整合**：LINE Notify 可以與多種網路服務和程式碼庫整合，如 GitHub、IFTTT、Google Calendar 等，允許這些服務透過 LINE 發送通知。
- **個人化設定**：使用者可以根據自己的需要自訂通知的種類和頻率，使其更符合個人需求。
- **簡單使用**：設定和使用 LINE Notify 相對簡單，通常只需要進行幾步設定即可開始接收通知。
- **開放 API**：對於開發者來説，LINE Notify 提供了 API，使他們可以在自己的應用程式或服務中整合 LINE 的通知功能。
- **免費服務**：LINE Notify 是一項免費服務，這使得個人使用者和開發者都能輕鬆利用其功能，而無需擔心額外的費用。

簡單來説，LINE Notify 就是一個強大而方便的工具，用於在日常生活和工作中獲取重要的即時通知。

9-5-2 申請 LINE Notify 的存取權杖

但是要利用 LINE Notify 來發送即時通知，必須事先申請個人的存取權杖（Access Token），這是因為在進行連動服務時，必須進行個人存取權杖的認證，接著就來示範如何申請的操作步驟：

請連上 https://notify-bot.line.me/zh_TW/ 的 LINE Notify 的首頁，接著按下網頁右上方的「登入」鈕：

② 使用 LINE 帳號登入 LINE Notify，在下圖中輸入好帳號及密碼後，再按下
STEP 「登入」鈕。

③ 因為筆者是 LINE 電腦版中登入，會出現下圖視窗要求登入者身分認證：
STEP

④ STEP 接著只要在手機 LINE 上輸入上圖提供的驗證碼,就會出現「用戶已確認」 的訊息,最後在手機的 LINE 上點選「確定」鈕。

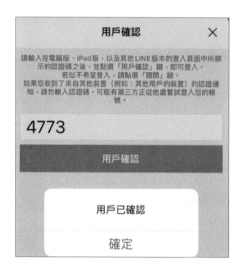

⑤ STEP 在 LINE 電腦版登入後,就可以在畫面右上角點選帳號名稱下拉功能表中的 「個人頁面」。

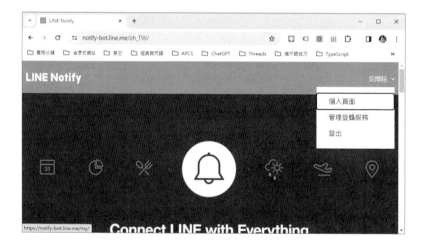

6
STEP
按畫面下方的「發行權杖」鈕。

7
STEP
請先輸入權杖名稱,例如下圖的
「Power Automate 自動傳送」,
接著選擇要接收通知的聊天室,
最後按下「發行」鈕。

8
STEP 之後會產生已發行的權杖，請按「複製」鈕，最好將這個權杖貼入到個人記錄帳密的相關文書軟體中保留起來，最後請按「關閉」鈕。

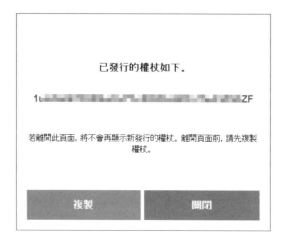

9
STEP 接著畫面上方就會顯示目前已連動的服務，如果以後要解除連動，則只要在下圖中該連動服務的右側按下「解除」鈕即可。

如果要解除連動的服務，請在此按下「解除」鈕

這裡要提醒各位讀者，請記得在執行本流程範例之前，先將「Line Notify」加入已連動的群組中，例如示範是自己個人的「家人」群組。

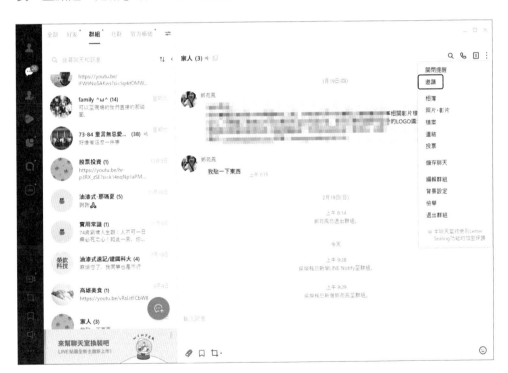

如果要邀請「Line Notify」成為群組成員，就請先開啟該群組對話視窗的功能表，並點選「邀請」指令，如下圖所示：

接著再勾選「LINE Notify」，並按下「邀請」
鈕，就可以將「LINE Notify」加入成為該群組
的成員。

9-5-3 利用 Power Automate 自動將訊息傳送到 LINE 群組

下圖為本範例完整的動作流程，這裡請特別注意，基於「LINE Notify」權杖個
人資料保護的因素，本例所提供的流程範例文字檔，沒有提供筆者申請的權杖，
請讀者自行修改成你自己所申請的 LINE Notify 權杖。

桌面流程範例 LINE 群發訊息 .txt

這個流程的主要目的是利用 Power Automate 自動化的方式，將訊息傳送到
LINE 群組。以下為桌面流程的操作流程：

1 {x} 設定變數
   將值 '1n▓▓▓▓▓▓▓▓▓▓▓▓▓▓WU' 指派給變數 LineNotifyToken

2 ⬜ 顯示輸入對話方塊
   在標題為 'Line 群組群發' 的通知快顯視窗中顯示輸入對話方塊，訊息為 '請輸入要利用Power Automate結合LINE Notify發送的訊息'，
   並將使用者輸入的內容儲存至 UserInput ，按下的按鈕儲存至 ButtonPressed

3 🔗 叫用 Web 服務
   在頁面 'https://notify-api.line.me/api/notify?message=' UserInput 中叫用 Web 服務，並將回應標頭儲存至
   WebServiceResponseHeaders ，將 Web 服務回應儲存至 WebServiceResponse ，將狀態碼儲存至 StatusCode

4 ∨ ⚖ If StatusCode =200 then

5   ⬜ 顯示訊息
      在標題為 'Power Automate自動化傳送Line Notify 訊息' 的通知快顯視窗中顯示訊息 '每日一句：' UserInput '
      利用 Power Automate 自動化傳送來自家人的鼓勵'，並將按下的按鈕儲存至 ButtonPressed3

6 ∨ ⚖ Else

7   ⬜ 顯示訊息
      在標題為 'Line Notify 訊息傳送失敗' 的通知快顯視窗中顯示訊息 '以下為錯誤訊息。
      狀態碼 ' StatusCode '
      HTTP標頭 ' WebServiceResponseHeaders '
      Web服務回應文字 ' WebServiceResponse '，並將按下的按鈕儲存至 ButtonPressed4

8 🏳 End

（1） 拖曳「變數 / 設定變數」動作，設定 Line Notify 的權杖授權碼（Token），
STEP 確保後面能順利身份驗證並傳送訊息。

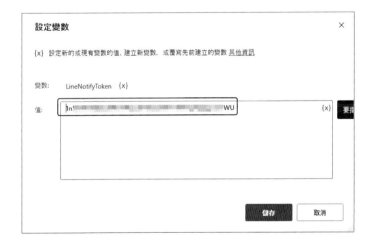

2 拖曳「訊息方塊 / 顯示輸入對話方塊」動作，跳出一個輸入視窗，讓使用
STEP 者輸入想要透過 Power Automate 配合 LINE Notify 傳送的訊息。預設訊息
是「正能量的一句話─永不放棄」。這個動作會自行產生兩個變數：其中
「UserInput」是指使用者輸入的文字，或預設文字。「ButtonPressed」是指
使用者所按下按鈕的文字。系統會自動為使用者提供 [確定] 或 [取消] 選
項。

3 透過網路服務呼叫，將剛才打的訊息送到 LINE Notify API。這邊設
STEP 定了好幾個參數，像是網址、請求方式、接收和內容類型等等。其中
「URL」欄位是一個文字值，請輸入「https://notify-api.line.me/api/
notify?message=%UserInput%」。「方法」欄位是指用於呼叫 Web 服務的
HTTP 方法，預設值是「GET」，這裡請選擇「POST」。

提示詞

請說明呼叫 Web 服務的 HTTP 方法中，「GET」與「POST」方法的差別。

ChatGPT 回答內容

1. 使用目的:
   - **GET**：用來從特定資源索取數據。通常用來取得資訊，比如從伺服器取得HTML文件、圖片或影片。
   - **POST**：用來向伺服器發送數據，以創建或更新資源。常用於提交表單或上傳檔案到伺服器。
2. **數據傳送方式:**
   - **GET**：數據參數直接附在網址(URL)上，任何人都可以看到。
   - **POST**：數據不會顯示在網址(URL)上，而是隱藏在HTTP訊息的主體裡。
3. **安全性:**
   - **GET**：比較不安全，因為網址包含部分發送的數據，可能會被儲存在網頁伺服器日誌或瀏覽器歷史中。
   - **POST**：較為安全，因為參數不會被儲存在網頁伺服器日誌或瀏覽器歷史中。
4. **緩存與書籤功能:**
   - **GET**：請求可以被緩存，並保留在瀏覽器歷史裡，可以被加入書籤和分享。
   - **POST**：請求無法被緩存，不會保留在瀏覽器歷史中，也不能被加入書籤。
5. **對伺服器狀態的影響:**
   - **GET**：用來獲取數據，不會改變伺服器的狀態。
   - **POST**：用來發送數據至伺服器進行處理，可能會改變伺服器的狀態。
6. **傳輸數據量的限制:**
   - **GET**：傳輸的數據量有限制，因為數據透過資源網址(URL)發送，而網址長度有限。
   - **POST**：傳輸的數據量無限制，數據透過HTTP訊息主體發送，沒有長度限制。
7. **支援的數據類型:**
   - **GET**：只支援字符串類型的數據。
   - **POST**：支援多種數據類型，如字符串、數字、二進制等。

而「接受」欄位是指 Web 服務回應可接受的內容類型，預設值是「application/xml」。「內容類型」欄位是一個文字值，預設值是「application/xml」，是指將傳送至 Web 服務的要求的內容類型，這裡請輸入「application/x-www-form-urlencoded」。「自訂標題」欄位是一個文字值，預設值是「application/xml」，是指要包含在將傳送至 Web 服務的要求中的自訂標頭，這裡請輸入「Authorization: Bearer %LineNotifyToken%」。

STEP 3 「呼叫 Web 服務」這個流程動作會自動產生三個變數,所代表的意義分別說明如下:

● **WebServiceResponseHeaders**:回應的 HTTP 標頭

● **WebServiceResponse**:Web 服務回應文字

● **StatusCode**:傳回的狀態碼

檢查回傳的狀態碼。如果狀態碼是 200，表示訊息已經成功發送，就會顯示一個含有使用者輸入訊息的成功提示視窗。在 HTTP 通訊協定中，狀態碼（StatusCode）值 200 代表「OK」，意味著請求已經被成功接收、理解和處理。簡單來說，當你看到狀態碼為 200 時，這通常表示網頁或 API 請求已經正確執行，且伺服器順利回應了請求。這是最常見的成功回應狀態碼。

如果狀態碼不是 200，就是傳送失敗，那就會出現一個含有錯誤訊息和狀態碼的提示視窗。

執行結果：

　　會先出現下圖視窗告知各位輸入一句正能量的話，如果沒有輸入就按「OK」鈕，預設值則會傳送「正能量的一句話—永不放棄」。

接著操作者就可以在中間的文字方塊輸要傳送的訊息，再按下「OK」鈕。

之後就會出現類似下圖的資訊說明視窗，請按下「確定」鈕。

同時各位就可以即時在 Line Notify 連動聊天室的群組，收到剛才由 Power Automate 自動發送的訊息。如下圖所示：

NOTE

## 第 10 章

網頁應用自動化實例

在網際網路的海洋裡，每天都有無數的資料在流動。學會如何自動化網頁應用，不僅可以提高工作效率，也能夠在資訊洪流中找到我們需要的資料。本章將帶領讀者進入網頁自動化的世界，從準備工作到實際操作，一步步展示如何應用 Power Automate 來自動化網頁相關任務，包括資料擷取、螢幕截圖、以及與 Web 服務的整合等技巧。

10-1 操作網頁前的準備工作

要開始進行網頁自動化，首先必須進行適當的準備工作。本節將帶領各位認識網址及常見的通訊協定。

10-1-1 認識網路爬蟲

大眾想要從浩瀚的網際網路上，快速且精確的找到需要的資訊，其中「搜尋引擎」便是各位的最好幫手，常見搜尋引擎所收集的資訊來源主要有兩種，一種是使用者或網站管理員主動登錄，一種是撰寫網路爬蟲程式主動搜尋網路上的資訊，例如 Google 的 Spider 程式與爬蟲（crawler 程式），會主動經由網站上的超連結爬行到另一個網站，並收集該網站上的資訊，並收錄到資料庫中。Google 搜尋

引擎平時的最主要工作就是在 Web 上爬行並且搜尋數千萬字的網站文件、網頁、檔案、影片、視訊與各式媒體內容，以便製作搜尋引擎所需要的相關索引。

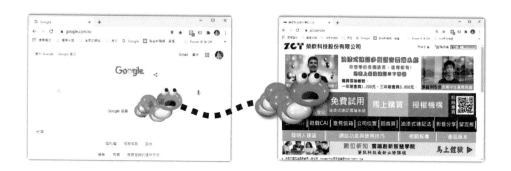

簡單來說，網路爬蟲是一種用來自動瀏覽 Web 的網路機器人，能自動化替你收集網頁上資訊的程式，你也可用自己所撰寫的程式網頁中擷取出所需要資訊並加以應用。

10-1-2 網址解析與網頁擷取

在今天這個所有的資料都放在網路雲端上的時代，只要找到合適的網址，就可以取得許多想要的資料，不過許多的網站資料數量較大，要能夠有結構地找到不同網頁中想要的資料，首先我們需要認識網址（URL）。URL 全名是全球資源定址器（Uniform Resource Locator），主要是在 WWW 上指出存取方式與所需資源的所在位置來享用網路上各項服務。使用者只要在瀏覽器網址列上輸入正確的 URL，就可以取得需要的資料，例如「https://tw.yahoo.com/」就是 Yahoo! 奇摩網站的 URL，而正規 URL 的標準格式如下：

protocol://host[:Port]/path/filename

其中 protocol 代表通訊協定或是擷取資料的方法，常用的通訊協定如下表：

通訊協定	說明	範例
http	HyperText Transfer Protocol，超文件傳輸協定，用來存取 WWW 上的超文字文件（hypertext document）。	https://www.yam.com/（蕃薯藤 URL）
ftp	File Transfer Protocol，是一種檔案傳輸協定，用來存取伺服器的檔案。	ftp://ftp.nsysu.edu.tw/（中山大學 FTP 伺服器）
mailto	寄送 E-Mail 的服務	mailto://eileen@mail.com.tw
telnet	遠端登入服務	telnet://bbs.nsysu.edu.tw（中山大學美麗之島 BBS）
gopher	存取 gopher 伺服器資料	gopher://gopher.edu.tw/（教育部 gopher 伺服器）

提示詞

請以繁體中文台灣用語說明 http 與 https 的不同？

ChatGPT 回答內容

> ⑥ **ChatGPT**
>
> HTTP（超文字傳輸協議）和HTTPS（安全超文字傳輸協議）是用於網際網路上資料傳輸的兩種協議，主要區別在於安全性方面：
>
> 1. **HTTP**：不提供數據加密，傳輸的資料可能被第三方輕易攔截和閱讀。
> 2. **HTTPS**：是HTTP的安全版本，透過SSL/TLS協議對數據進行加密，能夠保護資料在傳輸過程中的隱私與完整性，使其免於被攔截或篡改。
>
> 簡言之，HTTPS比HTTP更安全，特別適合用於需要保護隱私和敏感數據的場合，如網路購物、線上交易等。

　總而言之，HTTPS 比 HTTP 更安全，是推薦用於任何需要保護敏感資料的網路活動的協議。

10-2 網路爬蟲擷取 Web 網頁資料

網路爬蟲是自動化擷取網頁資料的一個強大工具。這一節將展示如何使用 Power Automate 建立一個網路爬蟲，從而高效地從網頁中提取所需資料。

```
∨ 瀏覽器自動化
  ∨ Web 資料擷取
    🗐 從網頁擷取資料
    🗖 取得網頁的詳細資料
    🖽 取得網頁上元素的詳細資料
    🖳 拍攝網頁的螢幕擷取畫面
```

以下例子會示範「Web 資料擷取」功能表中的「取得網頁的詳細資料」及「取得網頁上元素的詳細資料」兩項動作。

桌面流程範例 Web 資料擷取 .txt

這個流程主要用於自動從網頁擷取特定資訊，包括網頁的 URL、標題、網頁來源以及特定元素的詳細資訊。透過此流程，您可以有效地收集和儲存網頁相關資料。

以下為桌面流程的操作流程：

1. ⊕ **啟動新的 Chrome**
   啟動 Chrome，瀏覽至 'https://www.zct.com.tw/shorthand.php?act=list&id=10'，並將執行個體儲存至　Browser

2. 🗖 **取得網頁的詳細資料**
   取得 網頁瀏覽器目前的 URL 位址，並將其儲存至　WebPageProperty1

3. 🗖 **取得網頁的詳細資料**
   取得 網頁標題，並將其儲存至　WebPageProperty2

4. 🗖 **取得網頁的詳細資料**
   取得 網頁來源，並將其儲存至　WebPageProperty3

5. 🖽 **取得網頁上元素的詳細資料**
   取得網頁上 Image 'Image8' 元素的屬性 'Exists'，並儲存至　AttributeValue

6. 🖽 **取得網頁上元素的詳細資料**
   取得網頁上 Anchor '油漆式速記法介紹' 元素的屬性 'HRef'，並儲存至　AttributeValue2

7. ⊠ **關閉網頁瀏覽器**
   關閉網頁瀏覽器　Browser

以下是 Power Automate 桌面動作流程步驟的解說：

1 STEP 拖曳「瀏覽自動化 / 啟動新的 Chrome」動作，啟動 Chrome 瀏覽器，並導航至特定網址（https://www.zct.com.tw/shorthand.php?act=list&id=10），將瀏覽器窗口最大化。

2 STEP 拖曳「瀏覽自動化 /Web 資料擷取 / 取得網頁的詳細資料」動作，獲取當前網頁的 URL 地址，並將其儲存到變數 WebPageProperty1。

3
STEP
拖曳「瀏覽自動化 /Web 資料擷取 / 取得網頁的詳細資料」動作，獲取當前
網頁的標題，並將其儲存到變數 WebPageProperty2。

4
STEP
拖曳「瀏覽自動化 /Web 資料擷取 / 取得網頁的詳細資料」動作，獲取當前
網頁的來源程式碼，並將其儲存到變數 WebPageProperty3。

5
STEP 拖曳「瀏覽自動化 /Web 資料擷取 / 取得網頁上元素的詳細資料」動作，獲取網頁中特定元素（圖像）的存在狀態，並將其存在與否的值儲存到變數 AttributeValue。

這裡的 UI 元素，請依第 9 章教過的作法自行新增，如下圖所示：

6
STEP 拖曳「瀏覽自動化 /Web 資料擷取 / 取得網頁上元素的詳細資料」動作，獲取網頁中特定超連結（" 油漆式速記法介紹 "）的連結地址，並將其儲存到變數 AttributeValue2。

這裡的 UI 元素，請自行新增，如下圖所示：

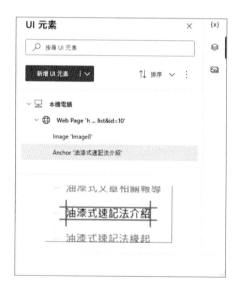

STEP 7 拖曳「瀏覽自動化 / 關閉網頁瀏覽器」動作，關閉網頁瀏覽器視窗。

執行結果：

先記得將桌面流程儲存起來，本範例執行後，各位可以在「變數」窗格看到流程變數。

如果要查看各變數的清單項目，只要雙擊該變數名稱即可。

10-3 網頁畫面自動化螢幕擷取

當需要保存網頁的視覺呈現時，螢幕擷取就變得非常重要。本節將介紹如何配置 Power Automate 來自動進行網頁螢幕擷取，無論是單頁面或是在瀏覽過程中的多個畫面。

桌面流程範例 網頁螢幕擷取 .txt

這個流程主要示範如何進行網頁螢幕擷取，以下為桌面流程的操作流程：

以下是 Power Automate 桌面動作流程步驟的解說：

STEP 1 拖曳「瀏覽自動化 / 啟動新的 Chrome」動作，並打開指定的網址（https://www.zct.com.tw/index.php），等待頁面下載完成。

STEP 2 拖曳「瀏覽自動化 /Web 資料擷取 / 拍攝網頁的螢幕擷取畫面」動作,對網頁中的特定元素(第一個圖像)進行截圖,並將截圖以 JPG 格式保存在指定路徑(D:\PAexample\ch10\logo.jpg)。

這裡的 UI 元素,請自行新增,如下圖所示:

3 重複步驟 2，拖曳「瀏覽自動化/Web 資料擷取/拍攝網頁的螢幕擷取畫
STEP 面」動作，但這次是對網頁中的第二個圖像元素進行截圖，並保存在另一個
路徑（D:\PAexample\ch10\digital.jpg）。

這裡的 UI 元素，請自行新增，如下圖所示：

最後，拖曳「瀏覽自動化 / 關閉網頁瀏覽器」動作，關閉瀏覽器實例，完成
STEP 自動化流程。

執行結果：

執行前請先記得將桌面流程儲存起來，本範例執行後，各位可以指定路徑的資
料夾找到已擷取了 logo.jpg 及 digital.jpg 兩張網頁螢幕截圖，如下列二圖所示：

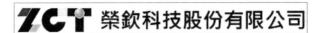

10-4 爬取指定分頁的 HTML 表格資料

本節將展示如何使用 Power Automate 來爬取 HTML 表格中的資料，確保完整性
和連續性。

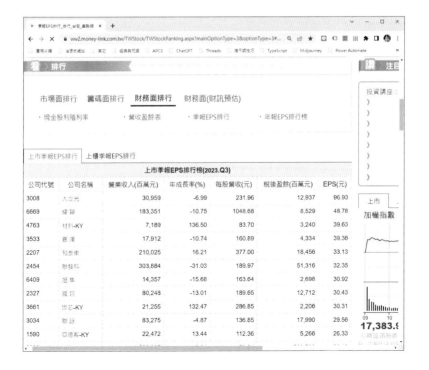

桌面流程範例 網頁爬蟲 HTML 表格 .txt

以下為桌面流程的操作流程：

以下是 Power Automate 桌面動作流程步驟的解說：

1 STEP 拖曳「瀏覽自動化 / 啟動新的 Chrome」動作來啟動 Chrome 瀏覽器，並打開特定網址，將瀏覽器窗口最大化。

STEP 2 拖曳「瀏覽自動化 /Web 資料擷取 / 等待網頁內容」動作,等待特定網頁元素出現,以確保頁面已完全下載。

這裡的 UI 元素,請自行新增,如下圖所示:

STEP 3 拖曳「瀏覽自動化 /Web 資料擷取 / 從網頁擷取資料」動作，從網頁中提取 HTML 表格資料。

切換到 Chrome 瀏覽器，就會出現「即時網頁助手」視窗，請移到表格的第一個儲存格，會看到「Table header cell」標籤，接著請按滑鼠右鍵，在出現的快顯功能表中執行「擷取完整 HTML 表格」指令：

接著就可以在「即時網頁助手」視窗中看到已擷取的 HTML 表格外觀，如下圖所示：

4
STEP 拖曳「瀏覽器自動化 / 關閉網頁瀏覽器」動作,執關閉網頁瀏覽器視窗,此
動作不會產生任何變數。

5 拖曳「Excel/ 啟動 Excel」動作，啟動 Excel 應用軟體。
STEP

6 拖曳「Excel/ 寫入 Excel 工作表」動作，將從網頁提取的資料寫入 Excel 指
STEP 定的儲存格。

拖曳「Excel/ 關閉 Excel」動作，關閉 Excel 應用軟體，並將文件另存為特定路徑下的 Excel 文件。

執行結果：

執行前請先記得將桌面流程儲存起來，本範例執行後，就可以指定路徑的資料夾找到抓取的表格資料檔案，如下列二圖所示：

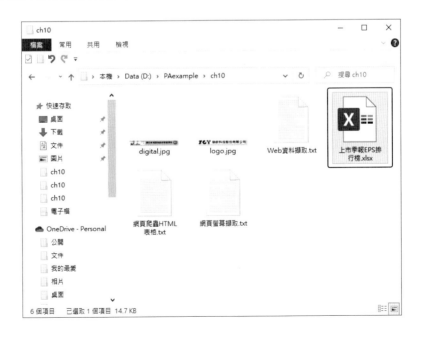

10-5 下載 CSV 檔和寫入 Excel

開放資料（Open Data）是一種開放、免費、透明的資料，不受著作權、專利權所限制，任何人都可以自由使用和散佈。這些開放資料通常會以開放檔案格式如 CSV、XML 及 JSON 等格式，提供使用者下載應用，經過彙整之後這些開放資料就能提供更有效的資訊甚至成為有價值的商品。例如有人將政府開放的預算資料轉化成易讀的視覺圖表，讓民眾更了解公共支出狀況；也有人整理政府開放的空污與降雨資料，彙整成圖表，並且在超標的時候提出警示。

「政府資料開放平臺」，網址為 http://data.gov.tw/，該網站集合了中央及各個地方政府機關的 Open Data。例如交通部中央氣象局開放資料平臺、台北市政府資訊開放平台…等，程式設計人員可以很方便地取得所需的開放資料，透過程式的開發，將這些資料做更有效的應用。

對於需要大量資料分析和處理的任務，能夠自動下載 CSV 文件並匯入 Excel 是一項極有價值的技能。本節將指導你如何設定流程來自動化這一連串動作，提升資料處理的效率。

▲ https://data.gov.tw/dataset/31894

取得本例示範下載 CSV 檔案的網址如下：

https://apiservice.mol.gov.tw/OdService/download/A17030000J-000047-E40

桌面流程範例 下載 CSV 檔和寫入 Excel.txt

這些步驟共同完成了從網路下載 CSV 檔案，並將其內容寫入 Excel 的過程。以下為桌面流程的操作流程：

以下是 Power Automate 桌面動作流程步驟的解說：

 拖曳「HTTP/ 從 Web 下載」動作，從指定的網址下載 CSV 檔案到指定的路徑，設置連線超時時間、追蹤重定向等選項。

2 拖曳「檔案 / 等候檔案」動作,確認 CSV 檔案已在指定路徑被建立。
STEP

③ 拖曳「Excel/ 啟動 Excel」動作,啟動 Excel 應用程式。
STEP

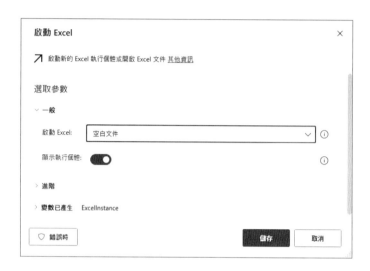

④ 拖曳「檔案 / 從 CSV 檔案讀取」動作,讀取 CSV 檔案,設置編碼、修改欄
STEP 位、設定是否有列名和列分隔符號等選項。

5
STEP
拖曳「Excel/ 寫入 Excel 工作表」動作，將 CSV 檔案內容寫入 Excel。

6
STEP
拖曳「Excel/ 關閉 Excel」動作，關閉並儲存 Excel 檔案。

STEP 7 拖曳「檔案 / 移動檔案」動作，將特定文件移動到指定的路徑，並設定檔案存在時的處理方式。

STEP 8 拖曳「檔案 / 重新命名檔案」動作，重命名文件，設定新名稱、是否保留副檔名、檔案存在時的處理方式等。

執行結果：

請先記得將桌面流程儲存起來，本範例執行後，就可以指定路徑的資料夾找到抓取的表格資料檔案，如下列二圖所示：

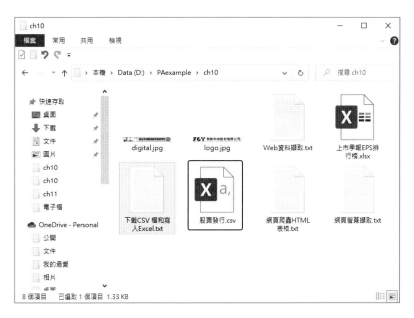

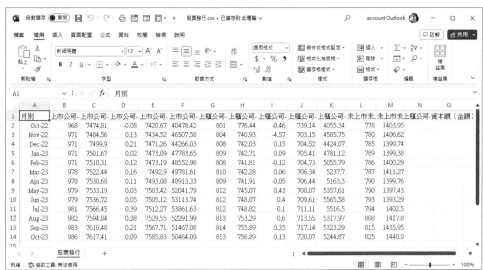

10-6 Web 服務與 ChatGPT API

本節將探討如何利用 Power Automate 與 Web 服務進行互動，特別是如何整合 ChatGPT API 來擴充自動化的應用範圍。從自動生成內容到處理自然語言任務，我們將學習如何打造智慧化的自動流程。

10-6-1 取得 OpenAI API 金鑰

在本小節中，我們將向您示範如何取得 OpenAI API 金鑰。這個 API 金鑰是連接 GPT 模型所需的關鍵。我們將解釋申請 API 金鑰的過程並提供相關的注意事項。您可以按照以下步驟取得 OpenAI API 金鑰：

 首先請先到 OpenAI 申請 OpenAI 帳號。

https://openai.com/

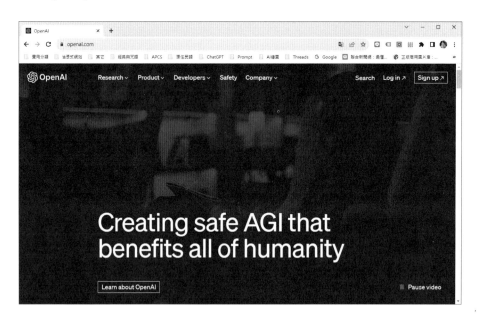

2
STEP 如果已申請好 OpenAI 帳號，在上圖中按下「Log in」鈕，會出現下圖，接著選「API」。

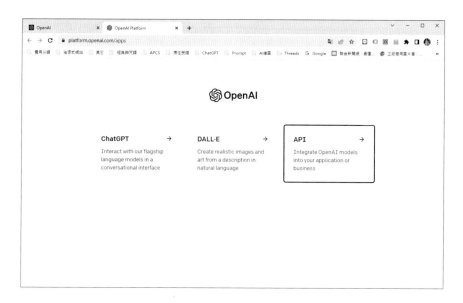

3
STEP 會出現下圖的「Welcome to the OpenAI platform」的歡迎畫面，如下圖所示：

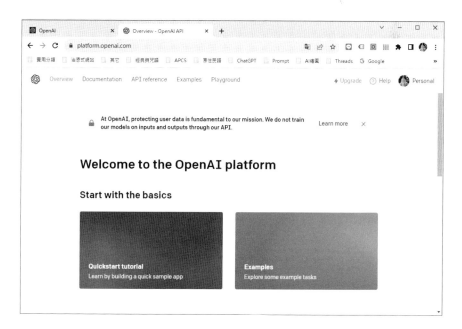

接著請按下個人帳號圖示鈕，並在下拉式清單中選擇「View API keys」：

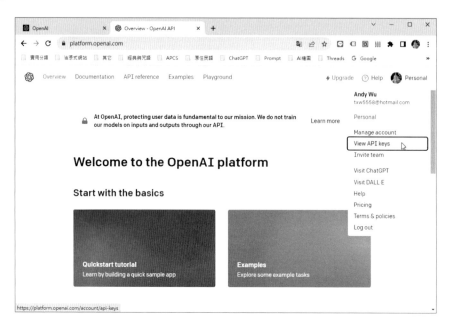

5 再按下「Create new secret key」鈕。

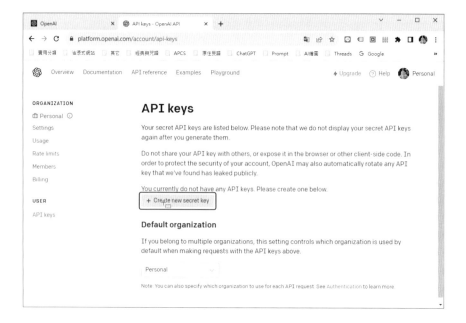

接著會出現下圖畫面,請接著按「Create secret key」鈕建立新密鑰:

會現在您的新 OpenAI API 金鑰已被建立,因為這個畫面只出現一次,所以請記得先將這個金鑰複製到自己的文件檔案紀錄起來,以便將來要設定金鑰時會使用到。此處各位可以先按下金鑰右側的複製鈕將金鑰複製起來。

10-6-2 在 Power Automate 整合 ChatGPT API 實例

由於範例涉及到個人穩私的 ChatGPT API 的 secret key,故此範例只提供書面程式列表與說明,不提供範例檔。

桌面流程範例

這個流程主要涉及從 Excel 讀取資料、通過 Web API 處理資料,再將處理結果回寫到 Excel 的過程。

以下為桌面流程的操作流程：

以下是 Power Automate 桌面動作流程步驟的解說：

STEP 1 拖曳「變數 / 設定變數」動作，設定 API 鍵（API_KEY），這是用於後續呼叫 Web 服務的認證。

2 拖曳「Excel/ 啟動 Excel」動作，啟動並打開指定路徑下的 Excel 文件（faq. xlsx），設置為可見且非唯讀模式。

 3 拖曳「Excel/ 從 Excel 工作表中取得第一個可用資料行 / 資料列」動作，獲取 Excel 中第一個空白列和行的位置。

拖曳「Excel/ 讀取自 Excel 工作表」動作，讀取 Excel 中指定範圍（從 A 列第 1 行到第一個空白行前）的資料。

 拖曳「迴圈 /For each」動作，對讀取到的資料逐一查看清單、資料表或資料列中的項目，讓動作區塊能重複執行。

6
STEP
拖曳「變數 / 設定變數」動作,將當前項目的第一列內容設置為 Prompt 變數。

7
STEP
拖曳「Excel/ 進階 / 從 Excel 工作表中取得欄上的第一個可用列」動作,獲取 Excel 中 B 列第一個空白行的位置。

8
STEP
拖曳「HTTP/ 叫用 Web 服務」動作,使用 Web 服務(呼叫 API)發送請求,傳遞含有 Prompt 變數的資料。

STEP **9** 拖曳「變數 / 將 JSON 轉換為自訂物件」動作，處理 Web 服務的回應，將 JSON 字串轉換為自訂物件。

10 STEP 拖曳「Excel/ 寫入 Excel 工作表」動作，將 Web 服務回應中的特定內容寫入 Excel 的 B 列相應行。其中「資料行」欄位請填入欄號或字母，例如此例填入 B 欄（column）。「資料列」欄位要寫入之儲存格的所在列。編號從 1 開始，以此類推。此例填入變數「%FirstFreeRowOnColumn%」是指定欄之第一個完整空白列的數值。

11 STEP 迴圈結束。

12 STEP 拖曳「Excel/ 關閉 Excel」動作，關閉 Excel 執行個體。並以新的文件的完整路徑名（answer.xlsx）保存 Excel 文件。

執行結果：

　　執行前請先記得將桌面流程儲存起來，本範例執行後，就可以在指定路徑的資料夾找到抓取的表格資料檔案，如下列二圖所示：

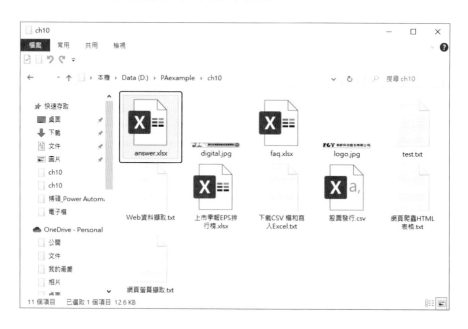

　　如果回答的內容有含有簡體字，還可以直接在 Excel 執行「檢閱 / 簡翻繁」指令將所收集到的常見問題集的回答內容轉換成繁體中文，如下圖所示：

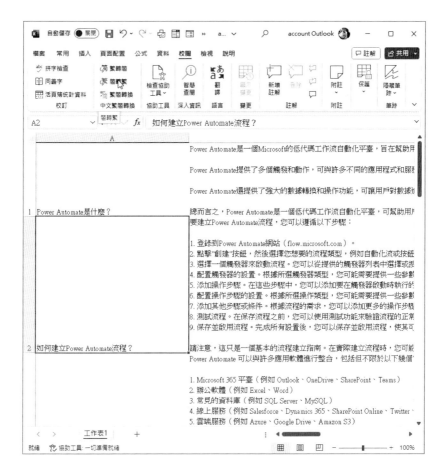

NOTE

第 **11** 章

Power Automate 雲端版的網路服務

在當今企業及個人工作中，雲端服務提供了前所未有的便捷與效能。Power Automate 雲端版不僅讓流程自動化跨越了各種限制，更能輕鬆整合各種線上服務和應用。本章將深入探討 Power Automate 雲端版的功能，從基本認識到實作應用，教導你如何建立、管理並最佳化雲端自動化流程，進而提升工作流程的智能化與效率。

11-1 Power Automate 桌面版與雲端版

在這一節中，我們將介紹 Power Automate 的兩個版本：桌面版與雲端版。你將瞭解它們各自的特點、應用場景以及如何選擇適合自己需求的版本。這將為之後的學習打下堅實的基礎。

11-1-1 認識 Power Automate 雲端版特色與功能

Power Automate 雲端版是微軟推出的自動化工具，幫助個人和企業將日常的工作流程自動化。以下是 Power Automate 雲端版的主要特色與功能：

● 自動化流程：可以建立稱為「流程」的自動化任務，例如收到 email 自動儲存附件到雲端。

- **多種連接器**：支援跟各種常用應用程式和服務連結，像是 Office 365、Dynamics 365、SharePoint、Twitter、Google Workspace 等。

- **流程範本**：有很多現成的流程範本，不用自己從頭開始設計。

- **直觀操作介面**：使用者友善的拖拉介面，即使不是 IT 專業人士也能輕鬆使用。

- **條件式邏輯**：可以設定特定條件，流程只有在這些條件達成時才會執行。

- **整合 AI 功能**：支援使用人工智慧服務來提升流程自動化，例如形式識別和文字分析。

- **資料收集與處理**：自動化地從各種來源收集和轉移資料。

- **移動應用程式**：提供移動應用，讓使用者可以在手機或平板上管理流程。

- **安全與符合標準**：遵守微軟的安全和隱私標準，保障使用者的資料安全。

- **自訂連接器和 API 整合**：對於進階使用者，可以建立自訂連接器或利用 API 與其他服務或應用程式整合。

11-1-2 比較 Power Automate 桌面版和雲端版的異同

Power Automate 桌面版和 Power Automate 雲端版是微軟提供的兩款自動化工具，Power Automate 雲端版是屬於 Power Platform 的一種核心工具。雖然兩者都是用來幫忙自動化工作流程，但在一些方面有所不同。以下是兩者的比較：

相同點

- **自動化目的**：兩個版本都是為了幫助使用者簡化和自動化工作流程，提高效率。

- **使用者介面**：兩者都有直覺易用的介面，方便設計和管理自動化的流程。

- **與微軟產品整合**：都能跟 Microsoft 的產品（例如 Office 365、Dynamics 365）很好地整合。

不同點

1. 執行環境：

- **桌面版**：需要安裝在 Windows 電腦上，主要用來自動化桌面應用或本機的工作。

- 雲端版：運作在雲端，隨時隨地都能透過網路使用，適合需要跨平台或遠端操作的自動化工作。

2. 功能範疇：

- 桌面版：比較適合做本機應用程式或資源相關的自動化，像是檔案處理、桌面應用操作等。

- 雲端版：著重於跨應用程式的工作流程自動化，適合串接各種線上服務和應用程式。

3. 連接器與整合：

- 桌面版：主要和本機應用程式、資源整合。

- 雲端版：提供很多線上服務連接器，例如 Salesforce、Google Workspace 等。

4. 觸發條件：

- 桌面版：一般是根據本機事件（像是檔案移動、視窗活動）來觸發流程。

- 雲端版：支援根據時間或來自雲端服務的事件來觸發。

5. 可用性：

- 桌面版：只能在裝有這個軟體的電腦上使用。

- 雲端版：透過網路在任何設備上都能存取。

6. 維護與更新：

- 桌面版：需要在每台電腦上個別進行維護和更新。

- 雲端版：由微軟在雲端進行維護和更新。

簡而言之，Power Automate 桌面版比較適合做針對個別電腦或本機應用的自動化，而雲端版則適合需要跨多個應用程式和服務的複雜工作流程自動化。使用者可以依據自己的需求來選擇適合的版本。

11-1-3 認識 Power Platform 的核心工具

微軟的 Power Platform 包含了以下幾個核心工具，這些工具主要的功能在幫助企業和個人進行資料分析、應用開發和自動化流程，提升工作效率，以下是幾個常見的實用工具：

● **Power BI**：Power BI 是微軟推出的雲端產品，它是一套商務資料分析工具，可以結合各種資料來源，收集資料並整理成視覺化的分析圖表，對於評估及掌控現況有非常大的幫助，快速解決工作上大數據資料分析的問題，讓報表以互動式資料視覺效果呈現，幫助使用者將各種來源管道的資料整合在一起，不但能快速產生美觀的視覺效果互動式報表，這些圖文並茂的報表，還有助於主管解讀資訊，並應用於進行商務時的決策判斷。透過 Power BI，使用者可以從各種資料源收集資料，進行深度分析和視覺化的表現方式。

● **Power Apps**：允許使用者快速建立自定義的商業應用程序，無需編寫程式碼（或只需少量程式碼）。Power Apps 提供了一個拖拉式的介面，讓使用者可以輕鬆建立適用於網頁、手機和平板的應用。

● **Power Automate**（原名 **Microsoft Flow**）：這個工具用於自動化工作流程，使企業和個人可以設計和自動化跨多個應用和服務的流程。透過 Power Automate，使用者可以省去重複性的手動操作，提高工作效率。

● **Power Virtual Agents**：使非技術背景的使用者能夠輕鬆建立、部署和管理人工智慧（AI）聊天機器人。這些機器人可以在多種通訊平台上進行互動，幫助回答常見問題或執行特定任務。

11-1-4 自動化流程的三種類型

在企業自動化領域中，常見的有三種自動化流程（Process Automate）類型：RPA（機器人流程自動化）、DPA（數位流程自動化）和 BPA（商業流程自動化）。這三者各有特色和功能：

🗗 RPA（機器人流程自動化）

特色：

● RPA 是利用軟體機器人（bots）來模仿人在電腦上執行的重複性工作。

● 主要用在那些重複性高、有固定規則的任務上，比如資料輸入、填寫表格等。

● RPA 的好處是不需要改變原有的 IT 系統架構，可以直接在現有的應用程式介面上操作。

功能：

● 自動化日常的重複性辦公室工作。

● 減少人為錯誤，提升工作效率和準確度。

● 容易實施和部署，可以跟不同的應用程式和系統整合。

DPA（數位流程自動化）

特色：

● DPA 主要是把業務流程數位化和最佳化，讓流程更有效率和有彈性。

● 它重視的是從頭到尾的流程自動化，注重流程的改進和整合。

● DPA 通常涉及比較複雜的流程，可能會跨越好幾個系統和部門。

功能：

● 整合和自動化跨系統的業務流程。

● 提高流程的透明度和可追蹤性。

● 支援較複雜的決策和業務邏輯。

BPA（商業流程自動化）

特色：

● BPA 是用技術來自動化複雜的商業流程。

● 它涉及的是整個組織層面的流程自動化，包括不同的業務單位和功能。

● BPA 目的是提高業務流程的效率和成效，通常需要組織層面的策略和改變。

功能：

● 自動化跨部門和跨功能的整體業務流程。

● 改善組織的工作流程，提升整體的運作效率。

● 促進資訊的流通和基於資料的業務決策。

我們可以摘要出底下的結論：RPA 專注於具體、重複的任務自動化，DPA 著眼於流程的數位化和從頭到尾的自動化，而 BPA 則是關注於整個組織的業務流程自動化。這三種自動化方式雖有交集，但在企業自動化策略中各有其獨特和互補的角色。

這些工具組合在一起，形成了一個強大的平台，用於加速業務流程、提高資料分析能力和擴展自動化應用。透過 Power Platform，組織可以更快地創新並應對快速變化的商業需求。

11-2 使用 Power Automate 雲端版

Power Automate 雲端版適合想要提升工作效率的個人和各種規模的公司，透過自動化流程，可以減少重複性的工作，讓大家有更多時間專注於更重要的事務。

11-2-1 Power Automate 雲端版的使用資格

要使用 Power Automate 雲端版，需要滿足一些特定的授權條件。以下是一些基本的授權要求：

Microsoft Power Automate 雲端版的使用資格可以透過以下方式獲得：

- **購買 Power Automate 授權**：Power Automate 提供多種授權類型，包括 Power Automate Premium、Power Automate Process 等。這些授權可以讓使用者透過 API 型數位程序自動化（雲端流程）將現代應用程式自動化，並透過半自動模式下的 UI 型機器人程序自動化（桌面流程）將舊版應用程式自動化。
- **Microsoft 365 或 Dynamics 365 的授權**：如果您已經授權使用 Microsoft 365 或 Dynamics 365，則也會取得使用 Power Automate 的授權。
- **試用版**：任何人都能試用 Power Automate 的付費功能 90 天，而無需支付任何費用。

具體的授權需求和規範可能會根據組織的具體需求和訂閱情況有所不同。建議直接查閱微軟官方資料以了解更詳細的資訊，並根據您的具體情況進行選擇。

11-2-2 Power Automate 雲端版的收費方案

微軟 Power Automate 雲端版的費用結構分為幾個不同的方案。以下是一些主要的價格和方案詳情：

● **Power Automate Premium**：這個方案的費用為每位使用者每月 15 美元。它包括桌面和雲端自動化、執行雲端流程、商業流程，以及在有人參與模式下執行桌面流程。

● **Power Automate 程序（Power Automate Process）**：這個方案的費用為每個機器人每月 150 美元。這包括在無人參與模式下執行桌面流程，以及前面提到的 Power Automate Premium 中包含的所有功能。

● **隨用隨付方案**：隨用隨付可讓您與組織中的任何使用者共用應用程式和 Power Automate 流程，然後只在他們使用該應用程式時付費。

　　這些價格可能會因貨幣、地區和其他因素而有所不同，因此在購買時最好直接聯繫微軟或查看其網站以獲得最準確的報價。更多有關 Power Automate 的詳細資訊和購買選項，您可以訪問微軟官方網站的 Power Automate 定價與訂閱方案頁面。

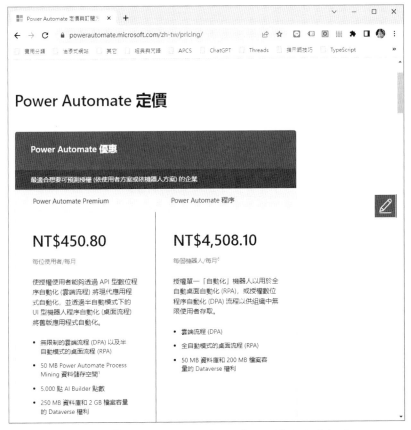

▲　https://powerautomate.microsoft.com/zh-tw/pricing/

接下來，本節將帶領你進一步瞭解如何設定和管理雲端自動化流程，讓你能夠快速開始建立自己的自動化任務。

11-3 建立您的 Power Automate 雲端流程

現在我們開始進入實作階段。本節將指導你如何從零開始建立一個 Power Automate 雲端流程。我們將一步步介紹如何選擇觸發器、配置動作，以及如何測試和優化你的流程，使之更符合個人或企業的需求。

11-3-1 第一次建立 Power Automate 雲端流程就上手

首先請先登入 https://powerautomate.microsoft.com/zh-tw/ 的 Power Automate 帳戶。

第一次登入會出現下圖畫面，請直接按下「開始使用」即可。

　　要在 Power Automate 雲端版中建立一個基本流程，您可以參考以下範例的操作示範：

　　雲端流程範例：第一個雲端自動化流程 (寄信給自己)

　　這個流程可以手動觸發流程發送一封郵件給自己。

1 **STEP** 登入 Power Automate 帳戶後，接著按下左側功能表中的「 + 建立」鈕新增流程，再選擇「即時雲端流程」。

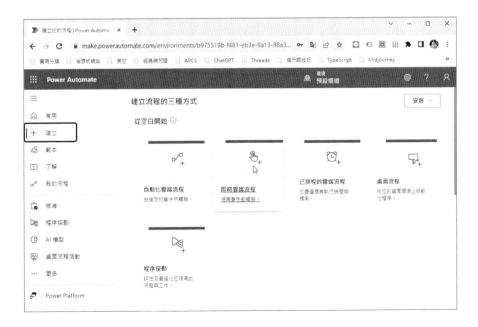

2
STEP 輸入流程名稱:「第一個雲端自動化流程 (寄信給自己)」，並勾選「手動觸發流程」，最後按下「建立」鈕。

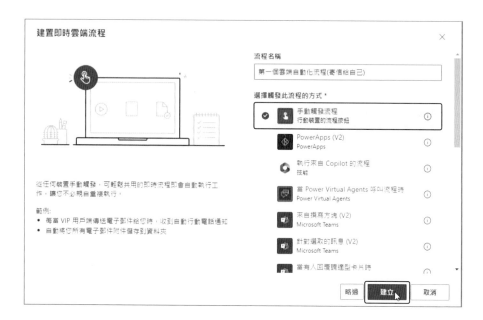

3
STEP 接著出現如下圖的「手動觸發流程」，請接著按「+ 新步驟」來新增下一個流程步驟:

4
STEP 這個例子我們希望以 Outlook.com 連接器來進行寄送郵件的示範，所以請在下圖中的「選擇作業」搜尋框輸入關鍵字「Outlook」，就可以看到「Outlook.com」連接器的圖示鈕，請用滑鼠點選該連接器。

(5)
STEP 指定一個動作,如下圖中的「傳送電子郵件 V2」。

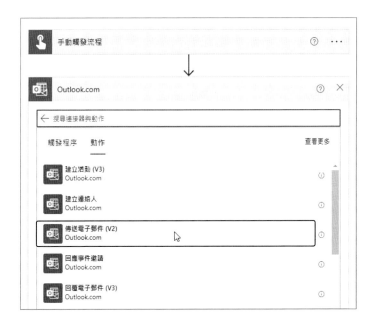

6
STEP
接著填寫電子郵件詳細資訊，如收件人、主旨和內容，完成郵件內容的相關
編輯工作後，最後按下「儲存」鈕，以儲存這個流程步驟的設定工作。

7
STEP
接下來各位就可以按新建的雲端流程視窗右上方的「測試」鈕，來試著練習
執行各位所新建的第一個雲端流程。如下圖所示：

8
STEP 出現下圖視窗，請點選「手動」選項，再按下「測試」鈕。

9
STEP 出現「執行流程」的畫面，並可以看到已連接好「Outlook.com」連接器，請接著按「繼續」鈕。

10
STEP 出現下圖畫面後直接按下「執行流程」鈕就會開啟執行新建的雲端流程。

11
STEP 出現下圖畫面，表示已成功啟動您的流程執行，最後請按「完成」鈕。

12
STEP 當流程成功執行後，可以看到類似下圖視窗，我們可以清楚看出每一個流程的執行時間。

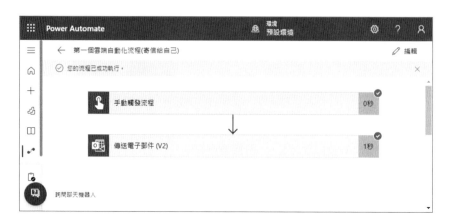

13
STEP 接著各位可以打開自己的郵件工具，就可以看到一封主旨為「利用 Power Automate 雲端流程寄信給自己」的測試信內容，如下圖所示：

以上便是一個完整雲端流程的建立過程，這個時候在 Power Automate 雲端版的左側功能選單中的「我的流程」，就可以看到各位所建立的「第一個雲端自動化流程 (寄信給自己)」的流程名稱，各位可以在此流程清單中直接執行選定的流程名稱，也可以進行流程的編輯工作，如果想要更多的操作行為，則可以直接按下「⋮（較多命令）」鈕，就會出現如下圖所示的完整的命令選單。

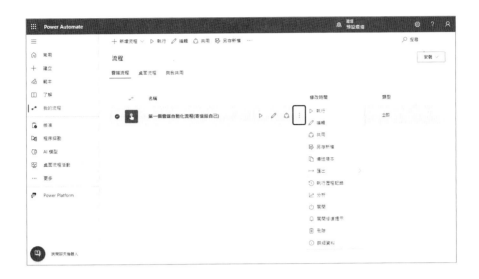

11-3-2 建立雲端流程詳細的步驟和指導

更多詳細的步驟和指導，請參閱在 Power Automate 中建立雲端流程。

https://learn.microsoft.com/zh-tw/power-automate/get-started-logic-flow

11-4 認識建立流程的三種方式

在本章的最後一節,我們將簡單說明建立 Power Automate 中的雲端流程有三種方式的適用時間及參考步驟。

11-4-1 從空白開始

從空白開始可讓您建立完全自訂的流程以符合您的需求。這種方法是最靈活的,適合那些已經清楚知道自己需要什麼類型流程的使用者。您將從零開始,自行選擇觸發器和動作。上一節示範的建立流程就是「從空白開始」的建立方式。

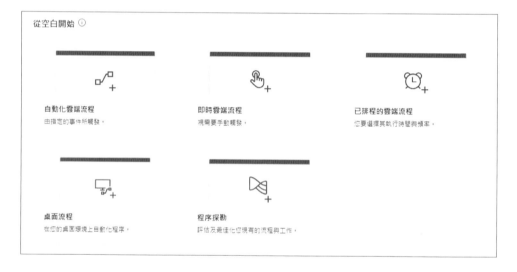

底下是三種自訂流程的類型介紹:

- **自動化流程**:根據特定事件觸發,例如收到某人的電子郵件或在社交媒體上的提及。實用範本如自動將電子郵件附件儲存到 OneDrive,或是從社交媒體發送通知。

- **即時流程**:透過點擊按鈕即可啟動的流程,用於快速執行任務,如向團隊發送即時通知或快速開始工作流程。

- **排定的流程**:根據預定排程自動執行,如每天自動將資料上傳至 SharePoint。包括定期資料報告或自動資料備份等範本。

11-4-2 從範本開始

數百個預先建立的範本可以幫助各位以最輕鬆簡便的方式快速建立 Power Automate 雲端流程。這是一個適合初學者或需要快速建立流程的使用者的方式。Power Automate 提供了許多預先設計的範本，涵蓋了各種常見的業務需求。

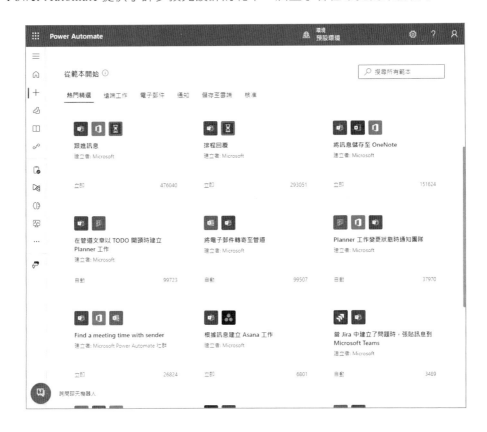

底下是「從範本開始」雲端流程建立方式的參考步驟：

1. 在主頁上選擇「建立」。

2. 選擇「從範本開始」。

3. 瀏覽範本庫，根據需求選擇一個合適的範本。

4. 範本通常已經有預設的觸發器和動作，您可以根據需要進行調整。

5. 填寫必要的設定，例如連接器的登入資訊。

6. 儲存並測試流程。

11-4-3 從連接器開始

所謂連接器就是您每天使用的應用程式，我們也可以直接利用連接器將它們連結在一起，來協助各自動化完成日常生活或工作中的不同任務。這種方式適合那些想要圍繞特定應用程式或服務建立流程的使用者。連接器是 Power Automate 用來連接不同應用程式和服務的工具。

底下是「從連接器開始」雲端流程建立方式的參考步驟：

1. 在主頁上選擇「建立」。

2. 選擇「從連接器開始」。

3. 選擇您想要使用的連接器（例如 Microsoft Teams，Office 365 等）。

4. 選擇一個觸發器，這會根據所選連接器來決定。

5. 添加所需的動作，這些動作通常會與所選的連接器相關。

6. 配置每個步驟的設定。

7. 儲存並測試流程。

如果想了解更多詳細內容，請參考 Power Automate 中的流程類型概觀。

https://learn.microsoft.com/zh-tw/power-automate/flow-types

NOTE

第12章

Power Automate 學習資源

當我們談到自動化流程時，持續學習和更新知識是非常重要的。Power Automate 作為一個強大的工具，其學習資源豐富且多元，遍布各個平台。本章將為您介紹各種可靠的學習資源，從官方文件到社群論壇，再到影片教學，這些資源將協助您不斷進步，學習如何設計、實施、以及最佳化自動化流程，確保您能夠充分利用 Power Automate 的強大功能。

12-1 官網學習資源

在這一節中，我們將介紹如何利用 Power Automate 官網提供的學習資源。從基礎教學到進階指南，官方資源是學習和參考的最佳起點，因為它們不僅提供最新的功能更新，還有詳細的操作指示和最佳實踐。

12-1-1 官方文件與訓練課程

首先，我們來介紹 Power Automate 的官方文件，這裡包含了產品功能的全面介紹、詳細的操作指導文章、線上訓練課程以及教學影片。這些資源對於學習如何在不同應用程式與服務之間建立自動化工作流程，執行文件同步、接收通知、收集資料等任務非常有幫助。

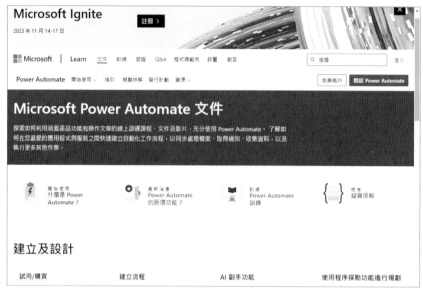

▲ https://learn.microsoft.com/zh-tw/power-automate/

12-1-2 學習目錄與活動

接著，可以探索學習目錄，這是針對 Power Automate 使用者提供的一系列線上培訓、面對面學習班和活動。這個目錄能幫助讀者根據個人需求，尋找合適的學習資源和機會。

▲ https://learn.microsoft.com/zh-tw/power-automate/learning-catalog/learning-catalog

12-1-3　自動化流程與機器人流程自動化（RPA）

再來，可以講解如何利用自動化流程和機器人流程自動化（RPA）來減輕組織中的例行性任務。官網提供了一系列案例，幫助學習者理解如何利用 Power Automate 自動化商業流程。

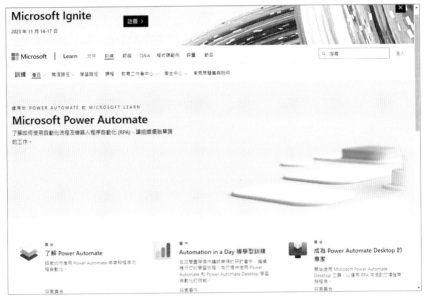

▲ https://learn.microsoft.com/zh-tw/training/powerplatform/power-automate

12-1-4　實際教學與示範影片

最後，別忘了介紹 Power Automate 提供的示範影片和引導式教學，這些都是讓學習者開始學習如何簡單自動化重複性任務的好工具。

▲ https://powerautomate.microsoft.com/zh-tw/demo/

12-2 社群論壇學習資源

除了官方資源之外，社群論壇是解決問題和學習新技巧的另一個寶貴平台。本節將引導您如何在 Power Automate 社群論壇中尋找幫助，分享您的經驗，並與其他自動化愛好者進行互動和學習。針對 Power Automate 社群論壇學習資源的介紹，以下是您可以參考的幾個方向：

12-2-1 整合與能力交流

在 Power Platform Integrations 論壇中，您可以學習並與主題專家討論有關 Power Automate 及其他 Power Platform 產品的整合與能力。這裡是學習與交流的好地方，無論是新手或是經驗豐富的專家都可以在此分享經驗與技巧。

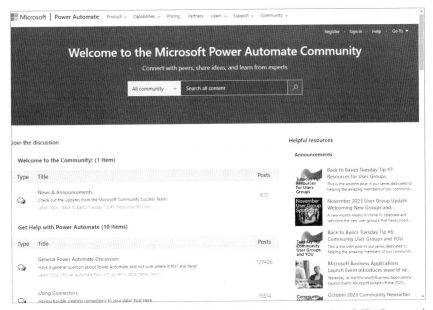

▲ https://powerusers.microsoft.com/t5/Microsoft-Power-Automate/ct-p/MPACommunity

12-2-2 社群連結與教學影片

社群連結與教學影片區提供了由社群管理員製作的影片，幫助您學習如何成為部落格作者、回答問題等。這裡的影片是由 Microsoft Community Success Team 製作，定期更新，非常適合希望進一步融入社群的朋友。

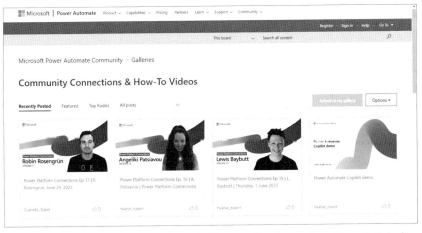

▲ https://powerusers.microsoft.com/t5/Community-Connections-How-To/bd-p/
MPA_Community_Connections_HowToVideos

12-2-3 線上研討會與影片庫

Webinars and Video Gallery 提供了更多關於 Power Automate 的學習資源，包括線上研討會和短片。這些資源很適合希望透過影片學習和快速獲取資訊的學習者。

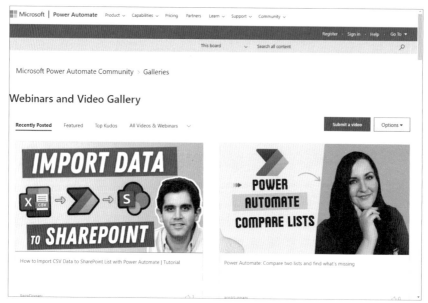

▲ https://powerusers.microsoft.com/t5/Webinars-and-Video-Gallery/bd-p/
Webinars_Videos_Gallery

12-2-4 自定義流程的分享

如果您已經具備了使用 AI Builder 的驚人自定義流程，可以在 Power Automate Cookbook 區域與大家分享。這不僅是展示您創新能力的地方，也能讓您從其他人的創意中獲得靈感。

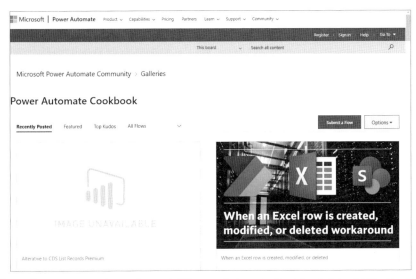

▲ https://powerusers.microsoft.com/t5/Power-Automate-Cookbook/bd-p/MPA_Cookbook

12-2-5 社群活動最新動態

Events 區域將為您提供 Power Platform 社群中最新的活動資訊,包括 Microsoft 主辦的活動以及全球各地的動態。您可以在這裡得知最新消息,並參與由 Microsoft Community Success Team 製作的影片中的活動。

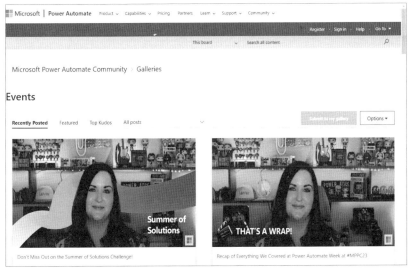

▲ https://powerusers.microsoft.com/t5/Events/bd-p/mpa_events

12-2-6 問答活動（AMA）

Community AMA 區域定期舉行問答活動，這是與社群成員直接對話並獲取即時回覆的絕佳機會。在 AMA 中，您可以提出任何關於 Power Automate 的問題，並獲得專家或其他社群成員的解答。

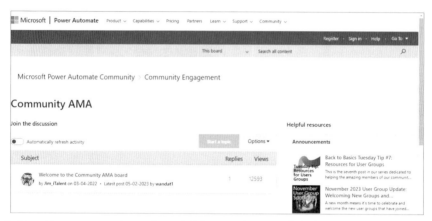

▲ https://powerusers.microsoft.com/t5/Community-AMA/bd-p/MPA_CommunityAMA

 **提示詞** AMA.txt

Community AMA 是什麼？

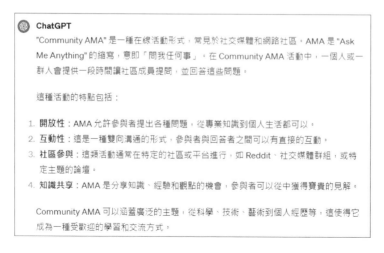

ChatGPT 回答內容

🔵 **ChatGPT**

"Community AMA" 是一種在線活動形式，常見於社交媒體和網路社區。AMA 是 "Ask Me Anything" 的縮寫，意即「問我任何事」。在 Community AMA 活動中，一個人或一群人會提供一段時間讓社區成員提問，並回答這些問題。

這種活動的特點包括：

1. **開放性**：AMA 允許參與者提出各種問題，從專業知識到個人生活都可以。
2. **互動性**：這是一種雙向溝通的形式，參與者與回答者之間可以有直接的互動。
3. **社區參與**：這類活動通常在特定的社區或平台進行，如 Reddit、社交媒體群組，或特定主題的論壇。
4. **知識共享**：AMA 是分享知識、經驗和觀點的機會，參與者可以從中獲得寶貴的見解。

Community AMA 可以涵蓋廣泛的主題，從科學、技術、藝術到個人經歷等，這使得它成為一種受歡迎的學習和交流方式。

12-2-7　社群部落格

在 Power Automate 社群部落格（Power Automate Community Blog）上，是微軟 Power Automate 社群的重要組成部分，目的在為使用微軟流程自動化服務的使用者提供一個交流和分享的平台。您會找到由社群成員建立的文章、指南和資訊。這裡不僅有教學內容，還會有社群新聞和摘要，是一個了解社群動態的好去處。這個社群促進了使用者之間的互動和知識共享，對於使用各種應用程式進行工作流程自動化的商業使用者來說，扮演著重要的角色。

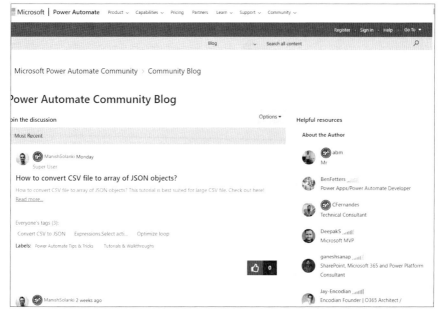

▲ https://powerusers.microsoft.com/t5/Power-Automate-Community-Blog/bg-p/MPABlog

12-3　YouTube 學習資源

視覺化學習對於許多人來說更為直觀和易懂。這一節將推薦一些優質的 YouTube 學習頻道，這些頻道提供了大量的 Power Automate 教學影片，涵蓋從基礎到進階的各種主題，是學習新技術和獲得靈感的絕佳途徑。以下是幾個推薦的頻道：

12-3-1 官方 YouTube 頻道

首先，官方的 Microsoft Power Automate YouTube 頻道提供了全面的自動化平台介紹，包括進階的 RPA、DPA、AI 等技術。這個頻道定期更新，有助於學習者瞭解如何使用少量資源做更多的工作。

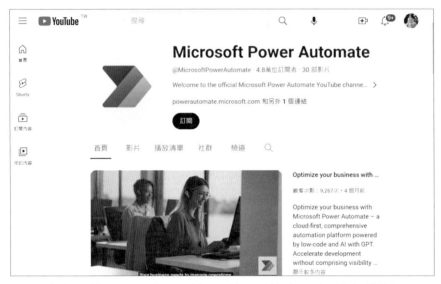

▲ https://www.youtube.com/channel/UCG98S4lL7nwlN8dxSF322bA

12-3-2 綜合學習頻道

Power Apps & Power Automate 輕鬆學頻道則提供了各種教學，這些教學內容簡單易懂，非常適合初學者。

▲ https://www.youtube.com/@powerappstw

12-3-3 小技巧分享

最後，還有針對一些小技巧的教學，如「Power Automate 10 個實用小技巧」系列，這類影片提供了一些更精緻的技能教學，適合希望提升自動化能力的使用者。

▲ https://www.youtube.com/watch?v=41wZWpGXep8

透過實際的 YouTube 影片和頻道，讀者可以視覺化地學習 Power Automate，使學習過程更加直觀和有效。

附 **A** 錄

ChatGPT 聊天機器人與
提示詞基本功

在數位時代的浪潮下，AI 聊天機器人已逐漸成為我們日常生活和工作中不可或缺的助手。從簡單的問答到複雜的任務執行，它們的功能越來越強大和多樣化。在這一章節中，我們將探討 ChatGPT 聊天機器人的特點、優勢和如何影響我們的生活。

A-1 什麼是 ChatGPT?

ChatGPT 是什麼？簡單來講，它就是一種 OpenAI 推出的 AI 聊天機器人。如果您希望了解更專業的解說，也可以直接在 ChatGPT 中詢問聊天機器人「ChatGPT 是什麼」，就可以得到的回答結果為「ChatGPT 是一個由 OpenAI 開發的大型語言模型，它使用深度學習技術來生成自然語言回應。ChatGPT 基於開放式網路的大量資料進行訓練，使其能夠產生高度精確、自然流暢的對話回應，與人進行互動。ChatGPT 在多個領域中都有應用，例如智能客服、自然語言處理、自動回覆等。」如下圖在 ChatGPT 下達提示詞，就會馬上得到 ChatGPT 的回答內容：

提示（prompt）詞 A-1.txt

ChatGPT 是什麼

 ChatGPT 回答內容

> ChatGPT是一個由OpenAI開發的大型語言模型，它使用深度學習技術來生成自然語言回應。ChatGPT基於開放式網絡的大量數據進行訓練，使其能夠產生高度精確、自然流暢的對話回應，與人進行交互。ChatGPT在多個領域中都有應用，例如智能客服、自然語言處理、自動回覆等。

ChatGPT 能以人類般的對話方式與使用者互動，除了可以給予各種問題的建議，也可以幫忙寫作業或程式碼，甚至有任何食衣住行育樂的各種生活問題或學科都可以問 ChatGPT，而 ChatGPT 也會以類似人類會寫出來的文字，給予相當到位的回答，用途非常廣泛多元。例如下列二圖是筆者分別問了「請用 C++ 寫九九乘法表的程式」及「請簡介量子電腦」的回答內容：

提示（prompt）詞 A-2.txt

請用 C++ 寫九九乘法表的程式

ChatGPT 回答內容

以下是用 C++ 寫九九乘法表的程式：

```cpp
#include <iostream>
using namespace std;

int main() {
    for (int i = 1; i <= 9; i++) {
        for (int j = 1; j <= 9; j++) {
            int product = i * j;
            cout << i << " x " << j << " = " << product << endl;
        }
        cout << endl; // 換行
    }
    return 0;
}
```

程式中使用了兩個 `for` 迴圈，第一個 `for` 迴圈控制乘數，第二個 `for` 迴圈控制被乘數，
兩個相乘的結果存放在 `product` 變數中，最後使用 `cout` 輸出結果。在第一個 `for` 迴圈
的結尾使用 `cout << endl;` 換行，使得每個乘數的結果都在單獨一行上顯示。

提示（prompt）詞  A-3.txt

請簡介量子電腦

ChatGPT 回答內容

量子電腦是一種使用量子位元或稱為量子比特（qubits）來儲存和處理資訊的電腦。相較於
傳統的二進位電腦中使用的位元只有兩種狀態（0或1），量子位元可以同時處於多種狀態的
疊加（superposition）中，並且可以進行量子糾纏（entanglement），這使得量子電腦在
某些特定情況下可以達到比傳統電腦更快速和更高效率的計算能力。

量子電腦的運作原理基於量子力學的概念，例如量子比特的疊加、糾纏、測量等等。量子電
腦的主要架構包括量子位元、量子閘、量子記憶體、量子算法等等。

量子電腦目前在量子模擬、量子化學、量子機器學習等領域已經有了一些突破性的應用，並
且被認為將對計算科學、物理學、化學、金融、人工智慧等領域產生重大影響。然而，量子
電腦仍然處於發展初期，需要克服許多技術和實際應用上的挑戰，如量子雜訊、量子錯誤更
正、量子算法的開發等等。

也就是說，ChatGPT 是一種 AI 大型語言模型，他會以對話的方式，來訓練來幫
助理解自然語言。因此它能應用於解決各種語言相關的問題，例如聊天機器人、
自然語言理解或內容產生等。ChatGPT 還具備一項特點，就是透過在不同的語言
資料上進行訓練，以幫助使用者在多種語言的使用。

A-2 註冊免費 ChatGPT 帳號

本章將教您如何註冊一個免費的 ChatGPT 帳號，我們將完整說明如何以 Email
的方式來進行 ChatGPT 免費帳號的註冊，同時我們也會說明如何直接以 Google 帳
號（或 Microsoft 帳號）進行 ChatGPT 免費帳號的註冊。首先來示範如何註冊免費
的 ChatGPT 帳號，請先登入 ChatGPT 官網，它的網址為 https://chat.openai.com/，

登入官網後，如果沒有帳號的使用者，可以直接點選畫面中的「Sign up」按鈕註冊一個免費的 ChatGPT 帳號：

接著請各位輸入 Email 帳號，或是如果各位已有 Google 帳號或是 Microsoft 帳號，你也可以透過 Google 帳號或是 Microsoft 帳號進行註冊登入。此處我們直接示範輸入 Email 帳號的方式來建立帳號，請在下圖視窗中間的文字輸入方塊中輸入要註冊的電子郵件，輸入完畢後，請接著按下「Continue」鈕。

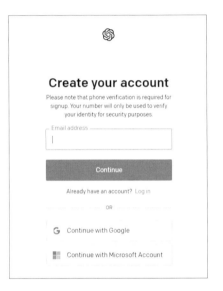

接著如果你是透過 Email 進行註冊，系統會要求使用者輸入一組至少 8 個字元的密碼作為這個帳號的註冊密碼。

上圖輸入完畢後，接著再按下「Continue」鈕，會出現類似右圖的「Verify your email」的視窗。

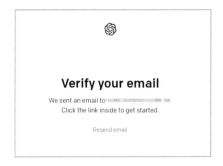

接著各位請打開自己的收發郵件的程式，可以收到如下圖的「Verify your email address」的電子郵件，請各位直接按下「Verify email address」鈕：

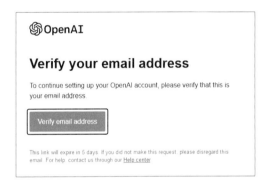

接著會直接進入到下一步輸入姓名的畫面，請注意，這裡要特別補充說明的是，如果你是透過 Google 帳號或 Microsoft 帳號快速註冊登入，那麼就會直接進入到下一步輸入姓名的畫面：

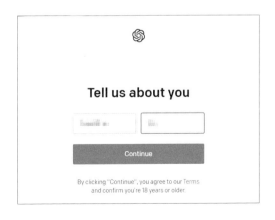

輸入完姓名後，再請接著按下「Continue」鈕，就會要求各位輸入你個人的電話號碼進行身分驗證，這是一個非常重要的步驟，如果沒有透過電話號碼來透過身分驗證，就沒有辦法使用 ChatGPT。請注意，右圖輸入行動電話時，請直接輸入行動電話後面的數字，例如你的電話是「0931222888」，只要直接輸入「931222888」，輸入完畢後，記得按下「Send Code」鈕。

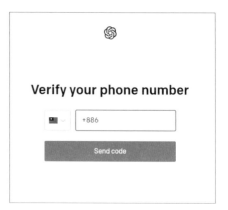

大概過幾秒後，各位就可以收到官方系統發送到指定號碼的簡訊，該簡訊會顯示 6 碼的數字。

各位只要於上圖中輸入手機所收到的 6 碼驗證碼後，就可以正式啟用 ChatGPT。登入 ChatGPT 之後，會看到如下圖畫面，在畫面中可以找到許多和 ChatGPT 進行對話的真實例子，也可以了解使用 ChatGPT 有哪些限制。

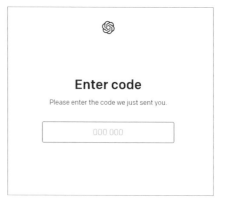

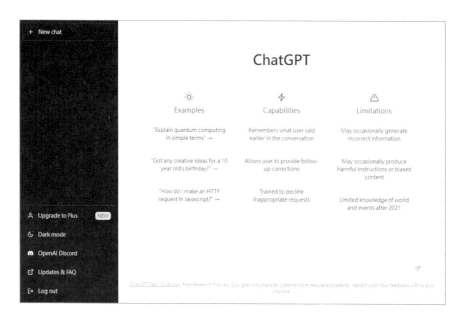

A-2-1 第一次與 AI 機器人對話就上手

當我們登入 ChatGPT 之後，開始畫面會告訴你 ChatGPT 的使用方式，各位只要將直接於畫面下方的對話框，輸入要問題就可以和 AI 機器人輕鬆對話。例如請輸入提示詞：「請用 Python 寫九九乘法表的程式」，按下「Enter」鍵正式向 ChatGPT 機器人詢問，就可以得到類似下圖的回答：

提示（prompt）詞 A-4.txt

請用 Python 寫九九乘法表的程式

 ChatGPT 回答內容

以下是使用 Python 寫的九九乘法表程式：

```python
for i in range(1, 10):
    for j in range(1, 10):
        product = i * j
        print(f"{i} x {j} = {product}")
    print()
```

這個程式使用了兩個 `for` 迴圈，第一個迴圈從 1 到 9 遍歷乘數，第二個迴圈也從 1 到 9 遍歷乘數，然後將兩個乘數相乘得到乘積，並將其輸出到螢幕上。每一行乘法表都以空白行分隔，以便更好地閱讀。

執行此程式後，您應該會在螢幕上看到類似於以下的輸出：

```
1 x 1 = 1
1 x 2 = 2
1 x 3 = 3
1 x 4 = 4
1 x 5 = 5
1 x 6 = 6
1 x 7 = 7
1 x 8 = 8
1 x 9 = 9

2 x 1 = 2
2 x 2 = 4
2 x 3 = 6
2 x 4 = 8
2 x 5 = 10
```

在回答的內容，不僅可以取得九九乘法表的程式碼，還會在該程式碼的下方解釋這支程式的設計邏輯，例如上圖程式碼下方的說明文字如下：

> 這個程式使用了兩個 for 迴圈，第一個迴圈從 1 到 9 遍歷乘數，第二個迴圈也從 1 到 9 遍歷乘數，然後將兩個乘數相乘得到乘積，並將其輸出到螢幕上。每一行乘法表都以空白行分隔，以便更方便地閱讀。

我們還可以從 ChatGPT 的回答中看到執行此程式後，您應該會在螢幕上看到類似於以下的輸出：

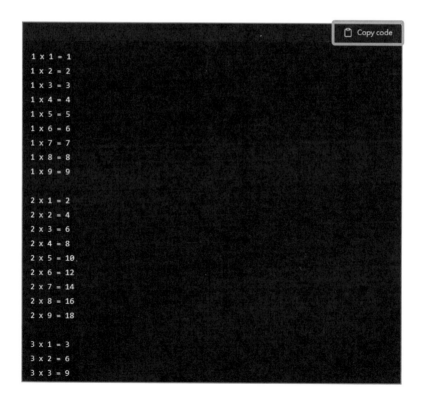

如果可以要取得這支程式碼，還可以按下回答視窗右上角的「Copy code」鈕，就可以將 ChatGPT 所幫忙撰寫的程式，複製貼上到 Python 的 IDLE 的程式碼編輯器去修改或執行（如果各位電腦系統有安裝過 Python 的 IDLE，如果沒有，下載網址為 https://www.python.org/downloads/），如下圖所示：

```
*untitled*                                          —    □    ×
File  Edit  Format  Run  Options  Window  Help
for i in range(1, 10):
    for j in range(1, 10):
        product = i * j
        print(f"{i} × {j} = {product}")
    print()

                                              Ln: 6   Col: 0
```

A-2-2 更換新的機器人

你可以藉由這種問答的方式，持續地去和 ChatGPT 對話。如果你想要結束這個機器人改選其它新的機器人，就可以點選左側的「New chat」，他就會重新回到起始畫面，並改用另外一個新的訓練模型，這個時候輸入同一個題目，可能得到的結果會不一樣。

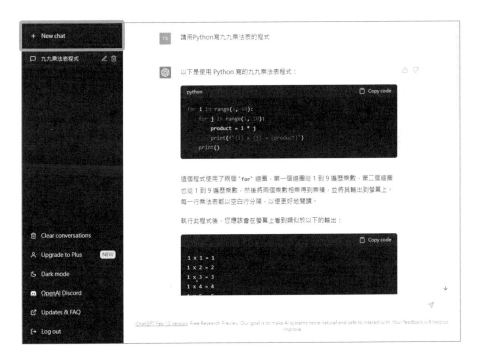

A-2-3 登出 ChatGPT

當各位要登出 ChatGPT，只要按下畫面中的「Log out」鈕。

登出後就會看到如下的畫面，只要各位再按下「Log in」鈕，就可以再次登入 ChatGPT。

A-3 了解 ChatGPT Plus 付費帳號

OpenAI 於 2023 年 2 月 1 日推出了 ChatGPT Plus，這是一個付費訂閱服務，提供額外的優勢和特點，以提供更卓越的使用體驗。訂閱使用者每月支付 20 美元，即可享受更快速的回應時間、優先級提問權益和額外的免費試用時間。

ChatGPT Plus 的推出鼓勵使用者的忠誠度和持續使用，同時為 OpenAI 提供可持續發展的商業模式。隨著時間的推移，我們預計會看到更多類似的付費方案和優勢出現，推動 AI 技術的商業應用和持續創新。

這個單元我們將深入了解 ChatGPT Plus 付費帳號的相關資訊。ChatGPT Plus 提供了更多功能和優勢，讓使用者享受更好的體驗。我們將探討 ChatGPT Plus 與免費版 ChatGPT 之間的差異，了解升級為 ChatGPT Plus 訂閱使用者的流程，以及如何開啟 Code interpreter 功能和 Plugins 的使用。

A-3-1 ChatGPT Plus 與免費版 ChatGPT 差別

ChatGPT Plus 是 ChatGPT 的付費版本，提供了一系列額外的優勢和功能，進一步提升使用者的體驗。使用 ChatGPT 免費版時，當上線人數眾多且網路流量龐大時，常會遇到無法登錄和回應速度較慢等問題。為了解決這些缺點，對於頻繁使用 ChatGPT 的重度使用者，我們建議升級至 ChatGPT 付費版。付費版不僅享有在高流量時的優先使用權，回應速度也更快，有助於提高工作效率。

此外，付費版還提供了「連網使用」和「使用 GPT4.0 版本」兩種功能，對於注重回答內容品質的使用者來説，考慮訂閱 ChatGPT Plus 可能是一個不錯的選擇。底下我們摘要出付費版 ChatGPT Plus 和免費版 ChatGPT 的差異：

- 流量大時，有優先使用權
- 優先體驗新功能
- 回應速度較快
- 可使用 GPT4.0 版本，但仍有每 3 小時提問 25 個問題的限制
- 可以使用各種 plugin 外掛程式

如果您想了解更多關於 ChatGPT Plus 的功能和優勢，請開啟以下網頁以獲取更詳細的說明：

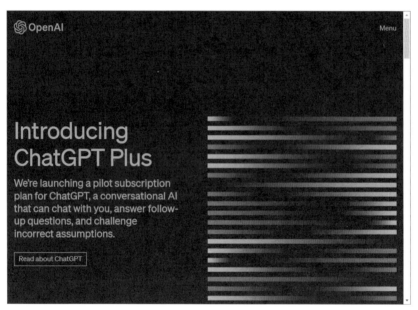

▲ https://openai.com/blog/chatgpt-plus

A-3-2 升級為 ChatGPT Plus 訂閱使用者

在這一節中，我們將介紹如何升級為 ChatGPT Plus 的訂閱使用者。您將了解到訂閱的流程和步驟，以及相關的訂閱方案和價格。我們將提供實用的建議和指引，幫助您順利升級並開始享受 ChatGPT Plus 的優勢。如果要升級為 ChatGPT Plus 可以在 ChatGPT 畫面左下方按下「Upgrade to Plus」：

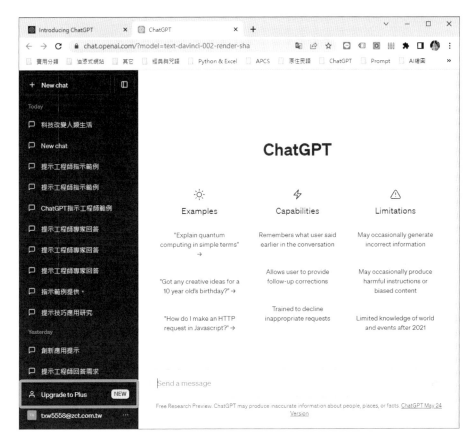

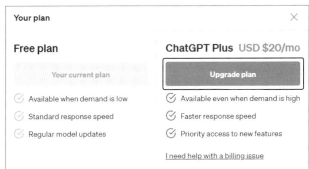

　　填寫信用卡和賬單資訊後，點擊「訂閱」按鈕即可完成 ChatGPT Plus 的升級。請注意，目前付費方案是每一個月 US20，會自動扣款，如果下個月不想再使用 ChatGPT Plus 付費方案，記得去取消訂閱。

完成付款後,畫面將顯示類似下圖的介面。請按下「Continue」按鈕繼續,接著您將收到一封確認付款的訂單電子郵件。

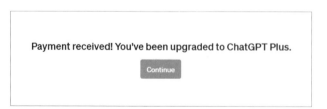

一旦成功升級為付費 PLUS 版,當您再次進入畫面時,您會立即注意到畫面上方出現了 GPT4 的選項,同時 Logo 上也標示著「PLUS」字樣,這表示您的升級已經完成。

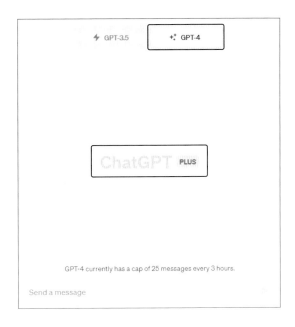

A-3-3 開啟 ChatGPT 的 Plugins

在這一節中，我們將探討如何開啟 ChatGPT 的外掛功能。外掛（或稱插件）能夠為 ChatGPT 帶來更多的功能和擴充性，讓您根據自己的需求定製和增強 ChatGPT 的能力。我們將詳細介紹外掛的安裝和使用步驟，幫助您更好地運用 ChatGPT 的潛力。

1 STEP 開啟功能表：點選畫面下方的「...」按鈕，開啟功能表，選擇「Settings」：

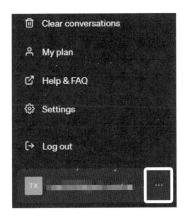

2 進入設定頁面後，在設定選單中，啟用「Plugins」功能。
STEP

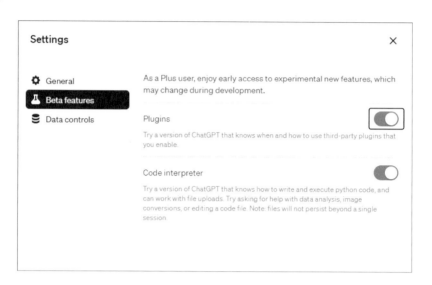

3 返回 ChatGPT 主畫面，選擇 GPT-4，下
STEP 拉選單中會出現「Plugins」選項，勾選欲
使用的外掛。

4 首次進入時，會看到「No plugins enabled」，
STEP 接著請點選「Plugin store」進行外掛安
裝。

5 **STEP** 會出現如下的「About plugins」說明畫面,該說明文字的大意如下:

> 外掛程式(簡稱外掛)是由 OpenAI 無法控制的第三方應用程序
> 提供的。在安裝外掛之前,請確保您對該外掛有足夠的信任。外
> 掛程式的作用是將 ChatGPT 與外部應用程序連接起來。如果您啟
> 用了外掛,ChatGPT 可能會將您的對話內容的一部分以及您的國
> 家 / 地區信息發送到外掛,以提升對話的效果。根據您啟用的外
> 掛,ChatGPT 將自動決定在對話中何時使用外掛。

看完後,再按下「OK」鈕。

6 **STEP** 找到欲安裝的外掛,點選「Install」開始安裝。

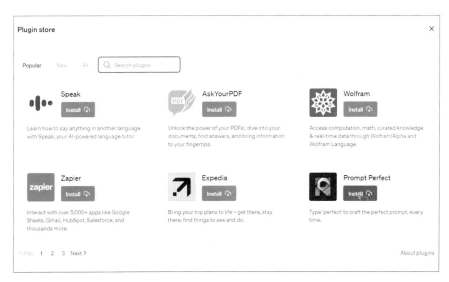

安裝成功後，返回主畫面，您可以使用下拉選單查看已安裝的外掛，勾選欲使用的外掛即可。

A-4 提示詞重要原則基本功

在這個數位時代，與 AI 的互動已成為日常的一部分。但如何有效地與 ChatGPT 溝通，並從中獲得有價值的答案？本單元將為您揭露提示詞的藝術和科學，並提供一系列的原則和技巧等基本功，幫助您最大化 AI 的潛力。

A-4-1 基本功 1：以專家角色扮演來提高提示精確度

當您將自己置於專家的位置時，您的問題將更具針對性。這不僅可以提高回答的質量，還可以使您更深入地了解主題。例如，當你想知道某個程式語言的特點時，如果你只是問："Python 是什麼？" 那麼你可能得到的答案是非常基礎和廣泛的。但如果你問："作為一名資深的程式設計師，我想知道 Python 在大數據處理上的優勢是什麼？" 這樣的問題，則更有可能得到具體、深入的答案。

進行角色扮演並不困難，關鍵是要先確定你想要模仿的專家角色。這需要你對該領域有一定的了解，或者至少知道你想要得到什麼樣的答案。當你確定了角色後，就可以開始模仿該角色的語言和思維方式，進而提出更具針對性的問題。

例如，當你想知道某個醫學問題時，你可以扮演一名醫生，並問：「作為一名內科醫生，我想知道最新的高血壓治療方法有哪些？」這樣的問題，往往能夠得到更加專業和深入的答案。

 提示（prompt）詞 A-5.txt

請以有 10 年以上專業中醫的角度提供如何防止便秘的建議。

 ChatGPT 回答內容

從擁有10年以上專業中醫的角度來看，防止便秘的方法是多方面的，且需要從體質、飲食、生活習慣等多個角度來進行調理。以下是一些建議：

1. **調整飲食結構：**
   * 增加蔬果攝取：蔬果中的纖維質有助於促進腸道蠕動，如木耳、蘆薈、香蕉、無花果等。
   * 減少高脂肪、高糖和加工食品的攝取，這些食物可能會使腸道過於濕膩，影響腸道蠕動。
   * 增加全穀類食品，如糙米、燕麥等，這些食物含有大量的膳食纖維，有助於腸道健康。
2. **適量運動：**
   * 每天保持至少30分鐘的適度運動，如散步、瑜伽或太極，可以促進腸道蠕動，有助於排便。
3. **調理脾胃：**
   * 在中醫理論中，脾胃健康是消化系統正常運作的關鍵。可以選擇一些中藥材如山藥、茯苓、白朮等來調理。
   * 避免冷飲和生冷食物，這些食物會傷害脾胃，影響其運作。
4. **按摩腹部：**
   * 每天早晚各按摩腹部5-10分鐘，順時針方向，可以刺激腸道，促進腸道蠕動。
5. **保持良好的生活作息：**
   * 固定的作息有助於調節身體的生物鐘，使腸道運作更加正常。
   * 避免熬夜，確保每晚7-8小時的充足睡眠。
6. **喝足夠的水：**
   * 水分可以軟化糞便，使其更容易排出，每天至少喝8杯水，並根據運動量和天氣調整。
7. **適時排便：**
   * 當感覺到排便的衝動時，應該立即去廁所，不要忍住。
8. **中藥調理：**
   * 若長期便秘，可以考慮使用一些中藥如大黃、芒硝等來調理，但最好在專業中醫師的建議下使用。

總之，防止便秘需要從多方面進行調理，並結合飲食、生活習慣和中醫理論。如有持續的便秘問題，建議尋求專業中醫師的診斷和建議。

⟳ Regenerate

A-4-2 基本功 2：確定您的問題是明確的

　　一個明確的問題是成功的第一步。它為 AI 提供了清晰的方向，並確保您獲得的答案與您的期望相符。一定要避免含糊不清的問題，它可能會導致模糊的答案，因此確保您的問題具體和明確，這樣您可以得到更具體的回答。例如，當你問 ChatGPT「天氣如何？」而沒有提供具體的地點或日期，AI 可能會回答一個很廣泛的答案，或者根本不知道你想知道哪裡的天氣。要確保問題的明確性可以有以下幾種常見作法：

- 避免過於廣泛的問題：例如，問「告訴我關於太陽系的資訊」可能會得到一個非常基本的答案。但如果問「太陽系中的哪顆行星最大？」則更具體，AI 也更容易提供正確答案。

- 提供足夠的上下文：例如，「他是誰？」這樣的問題對 AI 來說是不明確的。但如果問「在《哈利波特》中，誰是妙麗最好的朋友？」則更清晰。

- 請避免使用模糊的詞語：例如，「近期的電影」可能對 AI 來說是不明確的，因為「近期」的定義因人而異。更好的問法是「2021 年上映的電影」。

- 具體化：儘可能提供詳細的資訊。例如，不是問「最好的書？」，而是問「你推薦的關於攝影技巧的書籍有哪些？」。

- 避免使用雙重否定：例如，不要問「你不認為這不是個好主意嗎？」，這樣的問題會使 AI 混淆。改為直接問「你認為這是個好主意嗎？」。

- 限制問題的範疇：例如，不是問「告訴我關於太空的一切」，而是問「太空中的黑洞是什麼？」。

提示（prompt）詞 **A-6.txt**

我想學習攝影，我該從哪裡開始？

 ChatGPT 回答內容

> 學習攝影是一個既有趣又充滿挑戰的過程。以下是一些建議，幫助你開始攝影的旅程：
>
> 1. **了解你的相機**：不論你使用的是數位單眼相機、手機還是傳統的膠片相機，首先瞭解它的基本功能和設置是非常重要的。閱讀使用手冊，並熟悉各種模式和設置。
> 2. **學習基本的攝影原則**：
>   - **三分法則**：這是一個幫助你構圖的基本原則，將畫面分為九個相等的部分，並將主題放在交叉點上。
>   - **曝光**：瞭解快門速度、光圈和ISO如何影響你的照片。
>   - **白平衡**：學習如何根據不同的光源調整白平衡，使照片的色彩更為真實。
> 3. **參加攝影課程或工作坊**：有許多在線和實體課程都提供初學者攝影教學。這不僅可以幫助你建立基礎知識，還可以與其他攝影愛好者交流。
> 4. **多練習**：攝影就像其他技能一樣，需要不斷的練習和學習。嘗試在不同的時間、地點和光線條件下拍攝，這樣可以幫助你瞭解如何在各種情況下獲得最佳效果。
> 5. **評估和學習**：每次拍攝後，花時間回顧和評估你的照片。思考哪些地方做得好，哪些地方還需要改進。
> 6. **加入攝影社群**：無論是在線還是實體的攝影社群，都可以提供寶貴的反饋和建議，並與其他攝影師交流經驗。
> 7. **持續學習**：攝影是一門不斷發展的藝術和技術。隨著技術的進步和自己的成長，總是有新的東西可以學習。
>
> 最後，記住攝影是一門藝術，每個人都有自己的風格和視角。享受拍攝的過程，並找到自己的攝影語言！

A-4-3 基本功 3：避免開放式或過寬的提示

過於開放的提示可能會導致資訊過載。縮小範圍，確保提示的目的性，這樣您可以獲得更有價值的答案。開放式的提示，例如「告訴我關於歷史」或「我想知道科學」，雖然看似簡單，但對於 AI 來說，這樣的問題範圍過於廣泛。結果可能是 AI 提供的答案過於籠統，或是涵蓋了太多不相關的主題，使得答案失去了深度和價值。此外，由於 AI 試圖回答如此廣泛的問題，它可能會花費更多的時間和資源，這在某些情況下可能會導致效能問題。

 **提示（prompt）詞** A-7.txt

我想知道著名的攝影師和他們的作品。

 ChatGPT 回答內容

當然，歷史上有許多著名的攝影師，他們的作品不僅捕捉了時代的精神，也推動了攝影藝術的發展。以下是一些著名的攝影師及其代表作品：

1. 安塞爾·亞當斯 (Ansel Adams)：
   - 代表作品：《月夜的優勝美地》(Moonrise, Hernandez, New Mexico)、《優勝美地國家公園》系列
   - 特色：他以其精湛的黑白風景攝影技巧而聞名，特別是他對美國國家公園的作品。
2. 亨利·卡提埃-布列松 (Henri Cartier-Bresson)：
   - 代表作品：《背後的塞納河》(Behind the Gare Saint-Lazare)、《甘地的最後一天》(Gandhi's Last Day)
   - 特色：被譽為「街頭攝影之父」，他的作品捕捉了生活中的決定性瞬間。
3. 黛安·阿勃絲 (Diane Arbus)：
   - 代表作品：《雙胞胎姐妹》(Identical Twins, Roselle, New Jersey)
   - 特色：她的作品經常探索社會邊緣的人物，如小矮人、巨人、變裝皇后等。
4. 理查德·阿維頓 (Richard Avedon)：
   - 代表作品：《美國西部的人們》(In the American West)
   - 特色：他以其時尚攝影和深入的肖像攝影而聞名。
5. 羅伯特·卡帕 (Robert Capa)：
   - 代表作品：《死亡的士兵》(The Falling Soldier)
   - 特色：他是20世紀最偉大的戰地攝影師之一，捕捉了多次重大戰爭的決定性時刻。
6. 辛迪·舍曼 (Cindy Sherman)：
   - 代表作品：《不完整的電影場景》(Untitled Film Stills) 系列
   - 特色：她以自己為模特，創作了一系列模仿1950年代和60年代電影場景的自拍照。

這只是冰山一角，還有許多其他著名的攝影師和他們的傑出作品，如果您想深入了解某位攝影師或某個特定時期的攝影，請告訴我！

A-4-4 基本功 4：適當的上下文和背景

正確地提供上下文和背景是確保 AI 能夠為您提供有價值答案的關鍵。透過明確、具體的問題，並在必要時提供足夠的背景資訊，您可以最大化 ChatGPT 的效能，獲得更精確的回答。雖然提供上下文很重要，但也要避免給 AI 太多不必要的資訊。太多的背景可能會使問題變得模糊，導致 AI 無法正確回答。另外一定要確保您提供的資訊是與問題直接相關的，並嘗試將問題簡化為最重要的部分。

提示（prompt）詞 A-8.txt

我已經知道太陽能板是如何運作的，但我想知道其在台灣的普及率和效益。

ChatGPT 回答內容

 太陽能在台灣的發展已經有一段時間，且在近年來受到政府的大力推廣。以下是關於太陽能板在台灣的普及率和效益的資訊：

1. 台灣太陽能板的普及率

台灣政府在近年來提出了多項太陽能發展計畫，目標是到2025年，太陽能裝置容量達到20GW。由於這些政策的推動，太陽能板的安裝量在台灣持續增加。特別是在南部地區，由於日照時間長，太陽能板的安裝量特別高，許多工業區、學校、公共建築物和住宅區都開始安裝太陽能板。

2. 太陽能板在台灣的效益

- **經濟效益**：由於政府提供的補助和固定收購價格，太陽能投資在台灣具有相當吸引力。許多企業和個人投資者都看到了太陽能發電的經濟潛力，並開始投資於此。
- **環境效益**：太陽能發電是一種潔淨的能源，不會產生溫室氣體排放。隨著太陽能板在台灣的普及，可以減少對傳統燃料的依賴，從而減少碳排放，對抗全球暖化。
- **能源獨立性**：隨著太陽能發電量的增加，台灣可以減少對外部能源的依賴，提高能源安全性。
- **創造就業機會**：太陽能產業的發展也帶動了就業市場。從研發、製造到安裝和維護，太陽能產業提供了大量的工作機會。

結語：

太陽能在台灣的發展前景十分看好。隨著技術的進步和成本的降低，加上政府的政策支持，太陽能板在台灣的普及率和效益都將持續增加。對於有意投資或使用太陽能的人來說，現在是一個絕佳的時機。

A-4-5 基本功 5：避免使用模糊或歧義性的詞語

清晰的語言是成功的基石。選擇明確的詞語，避免可能的混淆，確保您的問題被正確理解。要避免模糊或歧義性的詞語可以有以下幾種常見作法：

● **明確指定詞語的意義**：如果必須使用可能有歧義的詞語，請在問題中提供更多的上下文，以幫助 AI 理解您的意圖。

● 使用具體的名詞和動詞：避免使用太過泛泛的詞語，如「東西」或「做」，而是選擇更具體的詞語，如「策略」或「實施」。

● 避免使用雙關語：雙關語可能會使 AI 困惑，因此最好避免在問題中使用。

提示（prompt）詞 A-9.txt

告訴我一些攝影技巧，可以幫助我拍出更好的風景照片。

 ChatGPT 回答內容

 當然可以！拍攝風景照片是一門藝術，但也有一些技巧和原則可以幫助您拍出更加吸引人的作品。以下是一些建議：

1. **黃金時刻**：「黃金時刻」通常指的是日出和日落時的短暫時間。在這段時間，太陽的光線是柔和和暖色的，可以為您的照片增添一種夢幻和浪漫的感覺。

2. **使用三分法則**：在構圖時，將畫面分成九個相等的部分，由兩條垂直線和兩條水平線形成。將您的主題或景點放在這些線的交叉點上，可以使照片更加平衡和吸引人。

3. **低角度拍攝**：嘗試從低處拍攝，這可以使天空、雲層或遠方的山脈更加突出。

4. **使用廣角鏡頭**：廣角鏡頭可以捕捉更廣闊的景色，並強調前景中的物體。

5. **使用三腳架**：特別是在光線不足的情況下，使用三腳架可以確保您的照片不會因手震而模糊。

6. **注意前景**：一個有趣的前景可以為風景照片增添深度和興趣。例如，一塊岩石、一棵樹或一條小溪都可以作為前景。

7. **使用慢速快門**：如果您想拍攝流動的水或移動的雲，使用慢速快門可以捕捉到這些元素的動態美。

8. **注意天氣**：有時候，多雲或陰天可能會為您的風景照片增添一種特殊的氛圍。不要只在晴天出門拍照。

9. **使用偏光鏡**：偏光鏡可以減少非金屬表面的反光，增強天空的藍色，使雲層更加突出。

10. **學習後期製作**：使用軟體如Adobe Lightroom或Photoshop來後期調整您的照片，可以提高照片的質量，並強調某些元素。

希望這些建議能幫助您拍出更美的風景照片！攝影是一門需要不斷學習和實踐的藝術，所以多出去拍照，並從每次的經驗中學習。

A-4-6 基本功 6：避免使用模糊的形容詞和副詞

形容詞和副詞可以豐富語言，但模糊的描述可能會導致答案的不確定性。確保您的描述是具體和明確的。如何避免模糊的形容詞和副詞？首先，我們需要明確我們的需求。例如，如果我們想要攝影技巧，不應該只說「給我一些建議」，而應

該說「給我一些建議，如何在低光環境下拍攝」。這樣的描述更具體，可以得到更精確的答案。

其次，嘗試避免使用「很」、「非常」、「多」等模糊的副詞。例如，「我想知道很多攝影技巧」可以改為「我想知道五種攝影技巧」。

最後，當您不確定如何描述時，可以先問自己：「我真正想要知道什麼？」這樣可以幫助您更具體地描述您的需求。

提示（prompt）詞　A-10.txt

我想要一些建議，如何提高我的寫作技巧？

ChatGPT 回答內容

 當然可以！提高寫作技巧是一個持續的學習過程，以下是一些建議，希望能幫助您提升寫作能力：

1. **閱讀為王**：閱讀不同類型的書籍、文章和文學作品，可以幫助您了解不同的寫作風格和技巧。透過閱讀，您可以學習到如何組織文章、如何使用修辭手法，以及如何有效地傳達思想。

2. **每日寫作練習**：像其他技能一樣，寫作也需要經常練習。設定每日寫作目標，無論是寫日記、短篇小說，還是專業文章，持續的練習可以幫助您找到自己的寫作聲音。

3. **參加寫作工作坊或課程**：透過專業的指導，您可以學習到更多寫作技巧和策略，此外，與其他學員的交流也可以提供不同的觀點和建議。

4. **寫作後徹底修訂**：初稿往往不是最佳版本。寫完後，花時間修訂和編輯您的文章，確保語言流暢，結構清晰。

5. **尋求他人的反饋**：讓家人、朋友或同事閱讀您的作品，並聆聽他們的建議。外部的觀點可以幫助您發現可能忽略的問題。

6. **擴展詞彙**：豐富的詞彙可以使您的寫作更具表現力。嘗試學習新詞彙，並在寫作中使用它們。

7. **研究文法和語法**：正確的文法和語法是寫作的基礎。確保您熟悉基本的文法規則，並避免常見的錯誤。

8. **設定寫作目標**：無論是完成一篇文章、一本書，還是每天寫一定的字數，設定目標可以幫助您保持動力。

9. **避免拖延**：設定寫作時間，並遵循它。避免分心，專注於寫作。

10. **保持好奇心**：好的作家總是對世界充滿好奇。持續學習，不斷探索，這將為您的寫作帶來新的靈感。

記住，寫作是一個旅程，不斷的學習和練習將使您不斷進步。祝您寫作愉快！

A-4-7 基本功 7：避免使用多義詞

多義詞可能會導致混淆。選擇最能描述您需求的詞語，確保 AI 能夠正確地解讀您的問題。多義詞是指在不同的語境中具有不同意義的詞語。例如，「葉」可以指樹的葉子，也可以指某人的名字。當我們在與 AI 系統交流時，使用多義詞可能會導致誤解或不確定性，因為 AI 可能無法確定您所指的是哪一種意義。這種不確定性會影響 AI 的回答質量，可能使其回答偏離您的期望。

以下是一個範例，展示如何避免使用多義詞，並提供清晰的指示給 ChatGPT：

- **不佳的提問：**「我想知道清華大學的簡介。」這裡的「清華大學」可能指的是北京的「清華大學」，也可是指台灣的「清華大學」。
- **更佳的提問：**「我想知道在北京清華大學的簡介。」

A-4-8 基本功 8：避免使用難以理解的縮寫和術語

縮寫和術語可能會造成誤解。確保使用的語言是清晰和易於理解的，這樣可以獲得更好的結果。

在專業領域中，縮寫和術語是常見的，它們可以使溝通更迅速、更精確。但對於不熟悉這些詞彙的人來說，這可能會造成困惑。當我們與 AI 系統互動時，這種困惑可能會放大。AI 可能不會像人類那樣根據上下文來猜測縮寫的意思，尤其是當同一縮寫有多個意義時。例如，「CPR」在醫學領域中通常指的是「心肺復甦術」，但在其他領域中，它可能有其他意義。如果不提供清晰的上下文，AI 可能會提供不相關或不正確的資訊。

提示（prompt）詞 A-11.txt

請告訴我心肺復甦術（CPR）的基本步驟。

ChatGPT 回答內容

 心肺復甦術（CPR）是一種在緊急情況下，當某人的心跳或呼吸停止時，可以救命的生命支持技術。以下是CPR的基本步驟：

1. **確認安全性**：在進行CPR之前，首先確保現場安全，避免自己和受傷者面臨進一步的危險。
2. **檢查反應**：輕輕拍打受傷者的肩膀並大聲呼叫他，確認他是否有反應。
3. **呼叫求救**：如果受傷者沒有反應，立即呼叫緊急服務或叫他人呼叫。
4. **開放氣道**：將受傷者放在硬平面上，輕輕地傾斜他的頭部，使下巴提起，以確保氣道暢通。
5. **檢查呼吸**：接近受傷者的臉，觀察、聆聽和感覺他的呼吸約10秒。如果沒有正常的呼吸，開始CPR。
6. **胸部按壓**：
   - 將一只手的掌心放在受傷者的胸骨中央，然後將另一只手放在第一只手的上面。
   - 使用您的上半身的重量，壓下胸部至少5公分深，但不超過6公分。
   - 保持壓力的速度約每分鐘100到120次，並確保每次壓縮後胸部都能完全回彈。
7. **人工呼吸**：如果您受過訓練且願意進行，每30次胸部按壓後給予2次人工呼吸。首先，確保氣道暢通，然後完全封住受傷者的鼻子，用嘴巴完全封住他的嘴，然後吹氣，使胸部明顯上升。
8. **持續CPR**：直到受傷者恢復正常呼吸、有專業人員接手、或您太過疲勞而無法繼續為止。
9. **使用自動體外心臟去顫器（AED）**：如果現場有AED，請按照其指示使用。AED可以檢測心律並提供必要的電擊，以恢復正常的心跳。

記住，即使您對CPR不太熟悉，進行CPR總比不做要好。在等待專業醫療人員到達的過程中，提供CPR可以大大增加受傷者生存的機會。如果可能的話，建議定期參加CPR培訓課程，以保持技能和知識的更新。

A-4-9 基本功 9：適當使用同義詞

同義詞提供了不同的視角和解釋。使用它們可以幫助您從不同的角度獲得答案，並增加回答的豐富性。使用同義詞的關鍵在於「適當」。不是每一次的提問都需要使用同義詞，而是要在確定原始問題得到的答案不夠完整或不夠精確時，再考慮使用。假設我們想知道「如何提高學習效率？」，但得到的答案不夠完整。這時，我們可以改用以下的問法：

● 「有哪些策略可以幫助我更有效地學習？」

● 「我該如何優化我的學習方法？」

● 「如何加強學習的成效？」

同義詞是一個非常有用的工具，可以幫助我們從不同的角度獲得答案，並增加回答的豐富性。但使用時也要注意，不是每一次的提問都需要使用，而是要根據情況來適當地選擇。

A-4-10 基本功 10：適當的格式和語法

正確的格式和語法不僅使您的問題更易於理解，還可以確保答案的品質和準確性。要確保適當的格式和語法可以有以下幾種常見作法：

● 句子結構：確保您的句子結構清晰，避免過長或複雜的句子。例如，避免使用過多的子句或插入語。

● 標點符號：正確使用標點符號，如逗號、句號和問號，可以幫助 AI 更好地解讀您的問題。

A-4-11 基本功 11：協助整理大量資訊

對於許多人來說，面對這麼多的資訊，很容易感到迷失和壓力。但其實，只要掌握一些技巧和方法，就能夠更有效地整理和提問，進而獲得真正有價值的答案。例如，我們可以說「我最近在研究太陽能技術，請幫我整理一下目前全球太陽能技術的最新發展和趨勢。」透過這樣的方式，我們不僅可以獲得更精確的答案，還可以節省大量的時間和精力。

我最近在研究太陽能技術，請幫我整理一下目前全球太陽能技術的最新發展和趨勢。

ChatGPT 回答內容

1. 高效率太陽能電池

隨著技術的進步，太陽能電池的轉換效率持續提升。目前，單晶矽太陽能電池和多晶矽太陽能電池的效率已經達到了20%以上，而某些頂尖的太陽能電池甚至可以達到25%以上的效率。

2. 薄膜太陽能技術

薄膜太陽能電池由於其輕薄、柔韌的特性，使其在建築集成光伏（BIPV）和可攜帶式太陽能產品中有很大的應用潛力。目前，鎘銅鎘硒（CIGS）和銅銦鎵硒（CIGS）薄膜太陽能電池已經達到了相對較高的轉換效率。

3. 建築集成光伏技術 (BIPV)

這是一種將太陽能電池板直接整合到建築物結構中的技術，如窗戶、屋頂或外牆。這不僅可以節省空間，還可以提供額外的能源，使建築物更加環保和節能。

4. 儲能技術

隨著太陽能發電技術的發展，如何儲存太陽能發電所產生的電能成為一個重要的議題。目前，鋰電池和鹽水電池等儲能技術正在迅速發展，以滿足太陽能發電的儲存需求。

5. 浮動太陽能發電系統

這是一種在水面上安裝太陽能電池板的技術，特別適合於土地資源有限的地區。除了節省土地，浮動太陽能發電系統還可以減少水的蒸發，並提高太陽能電池的轉換效率。

A-4-12　基本功 12：拆解問題、追問

複雜的問題可能需要多步驟來解決。學會拆解問題和追問，這樣您可以更系統地獲得答案。

在我們面對一個複雜的問題時，直接尋求答案可能會讓我們感到困惑或答案不夠明確。這時，拆解問題就變得尤為重要。透過將大問題分解成數個較小、較具體的子問題，我們可以更有系統、更有針對性地尋求答案。例如，當我們問：「如何提高產品的銷售？」這樣的問題太過廣泛，但如果我們拆解成：「哪些行銷策略可以提高產品的知名度？」或是「如何優化產品定價以吸引更多消費者？」等子問題，我們就能更容易找到具體的解決方案。

另外，追問是一種深入了解問題的方法，它可以幫助我們獲得更多的資訊、更明確的方向或更具體的答案。

其次，當您對某個答案不滿意或想要更多資訊時，不妨具體地追問。例如，當ChatGPT 給您一個答案後，您可以說：「請你再詳細解釋一下。」或「你能給我更多相關的例子嗎？」這樣，您將更有可能獲得滿意的答案。

A-4-13　基本功 13：三層結構：目的、輸入資料及設定輸出

結構化的問題可以幫助您更清晰地表達需求。透過三層結構，您可以確保每一步都有明確的目的和方向。

🖵 目的：明確知道您想要什麼

在進行任何問題的提問之前，首先要明確知道自己的目的。這意味著您需要先確定自己想要從 AI 得到什麼答案或資訊。

範例：

- 不良的提問：「告訴我關於太陽能的資訊。」
- 良好的提問：「我想了解太陽能板的工作原理和其在台灣的普及率。」

輸入資料：提供足夠的背景和上下文

當您確定了目的後，下一步是提供足夠的背景資訊和上下文。這可以幫助 AI 更好地理解您的問題，並提供更精確的答案。

範例：

● **不良的提問**：「我想知道太陽能板。」
● **良好的提問**：「我是一名環境工程師，我已經知道太陽能板的基本原理。但我想深入了解其最新的技術發展和在台灣的應用情況。」

設定輸出：明確指定您希望得到的答案格式

最後，您應該明確指定您希望得到的答案格式。這可以是一個簡單的答案、一個詳細的報告、一個列表或其他任何格式。

範例：

● **不良的提問**：「告訴我關於太陽能的資訊。」
● **良好的提問**：「請提供一份關於太陽能技術最新發展的報告，並列出其在台灣的主要應用領域。」

A-4-14　基本功 14：三層結構：指派角色、輸入資料、設定輸出範本

明確的角色和資料來源是獲得相關答案的關鍵。透過這一結構，您可以確保 AI 能夠提供最適合您的答案。

指派角色

在與 AI 互動時，明確地指派一個角色給 AI 可以幫助您獲得更專業、更具體的答案。例如，當您希望獲得醫學建議時，您可以指定 AI 為「醫生」；當您需要法律建議時，您可以指定 AI 為「律師」。這樣的角色指派不僅讓 AI 知道您期望的答案風格和深度，還可以幫助 AI 更準確地回答您的問題。

輸入資料

提供足夠的背景資料和上下文是獲得具體答案的關鍵。當您的問題涉及特定的情境或需求時，確保提供所有相關的資訊。這樣，AI 可以根據您提供的資料為您提供最合適的答案。

設定輸出範本

明確地告訴 AI 您希望答案的格式和範本可以幫助您獲得組織良好、易於理解的答案。這尤其適用於需要結構化資訊的問題，例如列表、步驟或比較。

 **A-13.txt**

你現在的角色是一位營養師，我是一名中年男生，請以表格比較輸出方式列出三種增強記憶力的食物，並為每種食物提供一段簡短的說明。

 ChatGPT 回答內容

了解，以下是以表格式列出的三種增強記憶力的食物及其說明：

食物	說明
核桃	核桃富含奧米加-3脂肪酸，有助於增強大腦功能和改善記憶。
藍莓	藍莓含有抗氧化劑，可以對抗自由基，保護大腦細胞，並有助於提高記憶力。
綠茶	綠茶中的咖啡因和L-茶氨酸可以提高注意力和記憶力，並有助於放鬆心情。

這三種食物都是天然的，且經過研究證實對記憶力有所幫助。建議您可以適量地將它們納入日常飲食中，以助於提高記憶力。

透過這三層結構，您不僅可以確保 AI 理解您的問題，還可以確保您獲得的答案是組織良好、具體和相關的。

A-4-15 基本功 15：適當區分不同角色對話串

在多人對話中，了解與您互動的是哪一個角色是非常重要的。這樣可以幫助您更有效地與 ChatGPT 互動，並獲得所需的答案。

當您在 ChatGPT 中與多個角色互動時，建議您在提問時明確指定希望回答的角色。例如，您可以這樣提問：「作為一位營養師，你認為我應該如何調整我的飲食？」或者「作為一位健身教練，你建議我每週運動幾次？」這樣，ChatGPT 就可以根據指定的角色提供相應的答案。

此外，您還可以使用角色名稱作為前綴，例如：" [營養師] 請給我一些建議。" 或 " [健身教練] 我應該如何鍛煉？" 這樣可以幫助 ChatGPT 更快速地識別和切換到相應的角色。

 **A-14.txt**

[營養師] 我想減肥，請給我一些建議。

 ChatGPT 回答內容

[營養師]當然可以，減肥是一個涉及飲食、運動和生活方式的綜合過程。以下是一些建議，希望對您有所幫助：

1. **均衡飲食**：確保您的飲食中包含足夠的蛋白質、健康的脂肪和複雜的碳水化合物。避免過多的簡單糖和加工食品。

2. **控制熱量攝取**：了解您每天所需的熱量，並根據您的活動水平進行調整。使用食物日記或手機應用程式來追蹤您的熱量攝取和消耗。

3. **多喝水**：水可以幫助您保持飽足感，並確保身體的新陳代謝正常運作。

4. **定期進食**：每天吃5-6餐小餐，可以幫助您維持穩定的血糖水平，避免飢餓感和暴飲暴食。

5. **增加膳食纖維**：高纖維的食物如全穀、蔬菜和水果可以幫助您保持飽足感，並促進消化系統的健康。

6. **減少鹽分攝取**：過多的鹽分會導致身體保水，增加體重。避免加工食品和高鹽食品。

7. **適量攝取健康脂肪**：如魚油、堅果和橄欖油，它們可以幫助您保持飽足感，並提供必要的營養。

8. **避免空腹飲酒**：酒精會減少身體燃燒脂肪的能力，並增加熱量攝取。

9. **定期運動**：結合有氧運動和力量訓練，可以幫助您燃燒多餘的熱量，並增加肌肉質量。

10. **獲得足夠的睡眠**：缺乏睡眠會影響您的飢餓荷爾蒙，使您更容易感到飢餓。

最後，每個人的身體都是獨特的，所以最好咨詢營養師或醫生，制定一個適合您的減肥計劃。

　　總之，適當地區分和指定角色可以幫助您更有效地與 ChatGPT 互動，並確保獲得所需的答案。